건설포렌식_1부

알기 쉬운
건설포렌식
엔지니어링

알기 쉬운 건설포렌식 엔지니어링
건설포렌식_1부

초판 1쇄 발행 2025년 10월 15일

지은이 구본민, 최동철
펴낸이 장길수
펴낸곳 지식과감성#
출판등록 제2012-000081호

교정 한장희
디자인 강샛별
편집 강샛별
검수 정은솔, 이현
마케팅 김윤길

주소 서울시 금천구 벚꽃로298 대륭포스트타워6차 1212호
전화 070-4651-3730~4
팩스 070-4325-7006
이메일 ksbookup@naver.com
홈페이지 www.knsbookup.com

ISBN 979-11-392-2879-3(13540)
값 24,000원

• 이 책의 판권은 지은이에게 있습니다.
• 이 책 내용의 전부 또는 일부를 재사용하려면 반드시 지은이의 서면 동의를 받아야 합니다.
• 잘못된 책은 구입하신 곳에서 바꾸어 드립니다.

지식과감성#
홈페이지 바로가기!

건설포렌식_1부

알기 쉬운
건설포렌식 엔지니어링

저자 **구본민**
　　　최동철

지식감성#

머리말

　우리는 누구나 안전하고 평화로운 구조물을 원합니다. 아름답고 웅장한 건축·토목 구조물의 마감과 조화로운 화려한 조명은 복합 예술이자 과학의 결정체입니다. 그러나 때로는 완벽해 보이는 건축물 속에 숨겨진 위험은 비극적인 사고를 초래하고 사회에 깊은 상처를 남기기도 합니다.

　포렌식 엔지니어링(Forensic Engineering)은 이러한 사고와 재해의 숨은 원인을 규명하고 유사 사고의 재발을 예방하며 제도를 개선하는 데 기여하는 다학제적 융합 분야입니다. 이 분야는 과학적 사실을 기반으로 중립적 위치에서 설득력 있게 증명하는 중대한 사명을 갖고 있습니다.

　"포렌식(Forensic)"이라는 단어는 라틴어 forensis(법정의, 법률적인)에서 유래했으며, 일반적으로 "법의공학"이라 불리고 있습니다.

　이 책은 지식 전달의 목표를 넘어 공학적 이론뿐 아니라 실무에 적용 가능하도록 법률과 경영 및 리스크 관리와 행정 절차를 함께 연결하여 다루었습니다. 이 책이 관련 종사자와 법조계 관계자 그리고 경영자와 안전 관리자 등 모든 분들께 도움이 되기를 소망합니다.

감사의 글

  사랑하는 아내 김진희와 세 아들과 2025년 한가족이 된 며느리 그리고 건강과 화목을 주신 하나님께 감사를 드립니다.

- 구본민

  늘 곁에서 든든한 버팀목이 되어준 사랑하는 가족과 침묵 속에서 귀한 가르침을 남긴 이름 없는 구조물들을 기억하며 이 책이 더 안전한 대한민국을 만들어 갈 미래 세대에게 단단한 주춧돌이 되기를 바라는 마음으로 드립니다.

- 최동철

목차

머리말 _4
감사의 글 _5

제1부 포렌식 엔지니어링의 이해와 역사

제1장 포렌식 엔지니어링의 정의와 역할

1.1 포렌식 엔지니어링의 어원과 학술적 정의 _12
1.2 포렌식 엔지니어링의 역할 _14

제2장 포렌식 엔지니어링 제도

2.1 주요 국가의 법의공학 제도와 사례 _17
2.2 국내의 도입 배경과 제도 _20
2.3 중대재해처벌법의 배경과 내용 _24

제3장 사고 유형별 포렌식 엔지니어링

3.1 국내외 사고 사례 _27
3.2 건설 결함과 성능 저하의 관점 _32
3.3 재해 및 재난 조사의 관점 _34

제2부 과학적 조사 방법론

제1장 체계적 조사 방법론
1.1 비파괴(Destructive) 및 파괴(Nondestructive) 시험 _38
1.2 샘플링 방법론 _42

제2장 데이터 분석과 해석
2.1 데이터 신뢰성 평가와 통계 _52
2.2 수치해석(Numerical Analysis)과
　　역해석(Inverse Problem Solving) _54
2.3 실험적 검증의 중요성 _58

제3장 재료의 공학적 분석
3.1 재료의 분석 기법 _61
3.2 부식 및 열화(Degradation) 메커니즘 _63
3.3 비금속 재료의 분석 _64

제4장 지질 및 지반 공학적 조사
4.1 지반사고의 원인 규명 _67
4.2 지하 굴착 사고 조사 _73
4.3 비탈면 붕괴 사고 조사 _78

제3부 법률적 대응과 실무

제1장 증언과 보고서 작성

1.1 전문가 증언과 증거의 신뢰성 _____ _84
1.2 증언 준비 및 교차 심문(Cross-examination) 대응 _____ _88
1.3 보고서 작성 요건 _____ _91
1.4 증거 수집 절차와 증거 보존의 연쇄(Chain of Custody) 원칙 _93

제2장 포렌식 엔지니어의 자격과 윤리

2.1 포렌식 엔지니어의 자격 및 교육 요건 _____ _96
2.2 객관성과 중립성 유지 _____ _98
2.3 국내외 협회와 학술 활동 _____ _101

제3장 사고 대응 실무 가이드

3.1 초기 대응과 정보 수집 _____ _104
3.2 조사 계획 수립 및 실행 _____ _106

제4장 포렌식 분야의 분야 및 기술 적용

4.1 화재 사고 및 확산 분석 _____ _108
4.2 산업 안전 사고의 원인 규명 _____ _110
4.3 첨단 기술의 적용 _____ _113

제5장 포렌식 엔지니어링 발전 방향

5.1 BIM(Building Information Modeling) 및
　　디지털 트윈(Digital Twin)의 활용　　　　　　　_116
5.2 인공지능(AI)의 사고 예측과 분석　　　　　　　_121
5.3 전문 교육 발전 방향　　　　　　　　　　　　　_123
5.4 포렌식의 개선 방향　　　　　　　　　　　　　_124

맺음말　　　　　　　　　　　　　　　　　　　　_130
참고문헌　　　　　　　　　　　　　　　　　　　_133

제1부

포렌식 엔지니어링의 이해와 역사

제1장 포렌식 엔지니어링의 정의와 역할

이 장에서는 포렌식 엔지니어링의 역사와 이론적 배경을 살펴보고 해당 분야의 제도를 비교하여 법적 절차와 적용성 등에 관해 기술하였다.

1.1 포렌식 엔지니어링의 어원과 학술적 정의

포렌식 엔지니어링(Forensic Engineering)은 현재 건설 중이거나 이미 완료된 시설물에서 발생하는 사고나 파손 그리고 결함의 근본 원인을 과학적, 공학적 원리를 적용하여 체계적으로 규명하는 전문 분야이다.

이 분야는 단순한 기술적 분석을 넘어 법적, 윤리적 책임의 문제를 다룬다는 점에서 일반적인 공학 분야와 차별화되고 지반공학 분야의 포렌식이 가장 난도가 높다고 말하고 있다(ASCE).

'포렌식(Forensic)'이라는 용어는 고대 로마 시대의 공공 광장(forum)을 의미하는 라틴어 'forensis'에서 유래했다. 당시 포럼은 법정이나 공개 토론이 이루어지는 장소였으며, 따라서 'forensis'는 '법정의' 또는 '법률적인'이라는 의미를 갖게 되었다. 이러한 어원에서 알 수 있듯이, 포렌식 엔지니어링은 공학적 분석의 결과를 법정에서 증거로 제시하고, 전문가 증언을 통해 그 타당성을 설명할 수 있어야 하는 엄격한 요건을 갖춘다.

이는 객관적이고 신뢰할 수 있는 사실 관계를 확립하여 분쟁 해결에 기여하며 유사한 형태의 피해를 예방하는 차원에서 매우 중요한 과정이다.

이 분야는 주로 역해석(inverse problem solving)의 방식을 통해 작동한다. 즉, 이미 발생한 결과(예: 지반침하와 산사태, 건물 붕괴, 교량 균열, 구조물 침하, 기계 오작동 등)로부터 출발하여, 그 현상이 발생하게 된 원인과 과정을 거꾸로 추적하고 추론하는 방법이다.

즉, 결과로부터 발생한 **값에서 출발하여 과거의 오류를 수치로 계산**하는 방법이라고 할 수 있다. 이는 의학 분야에서 환자가 보이는 다양한 증상들을 종합하여 특정 질병의 원인을 진단하는 **진단적(diagnostic)** 성격과 매우 유사하다. 포렌식 엔지니어는 현장의 잔해물, 손상 패턴, 파괴유형, 시공 기록, 설계 도면, 관련 규정 및 기준과 환경 조건 등 다양한 단서들을 수집하고 분석하여 과거의 사건을 재구성한다.

이론적으로 포렌식 엔지니어링은 건설 과정에서의 미세한 편차(deviations)와 오류, 예측하지 못한 외부 요인인 기상 조건 다변화, 지진, 급격한 하중의 변화, 주요 재료의 열화, 설계 오류, 시공 불량, 유지보수 미흡 등 모든 사고의 잠재적 원인이 될 수 있는 가능성을 포괄적으로 고려하여 그 원인을 규명하도록 과학적이며 공학적 방법으로 추론한다. 이를 검증하기 위해 재료 역학, 구조 역학, 유체 역학, 열역학, 지반 공학 등 다양한 공학 분야의 지식과 법률적 사고와 판단을 융합하여 활용한다.

그러나 실무에서는 시간과 예산, 안전 위협에 의한 접근 한계 그리고 정보의 불완전성 등 수많은 현실적 제약에 따르게 된다. 예를 들어, 사고 현장이 위험하여 정밀한 조사가 어렵거나 관련 기록이 소실되고 불완전한 경우가 많을 것이다. 또한, 예산의 부족이나 제한된 접근 등 한계가 작용하기 때문에 시험이나 분석을 수행하는 것도 어려울 수 있다.

따라서 완벽한 데이터를 확보하기 어려운 경우가 빈번하기 때문에 현실적인 상황의 제약 조건에서 합리적인 결과를 도출하는 것이 포렌식 엔지니어의 핵심 역량이라고 할 수 있다. 단순히 기술적 지식뿐만 아니라 비판적 사고와 문제 해결 능력 및 제한된 정보에서 최적의 결과를 유도하는 통찰력이 필요하다. 아울러 자료와 증거 진술 및 증거를 통해 소견을 명확하고 설득력 있게 전달하는 의사소통 능력은 중요한 핵심이다.

1.2 포렌식 엔지니어링의 역할

포렌식 엔지니어는 단순한 기술적 분석을 넘어, 자신의 전문적 판단을 통해 의미 있는 결론을 도출하는 중요한 역할을 수행하기 때문에 오랜 기간 축적된 학문적 지식과 다양하고 풍부한 현장 경험, 그리고 직관(intuition)과 정교한 패턴 인식(pattern recognition) 능력을 반영하여야 한다. 이렇게 전문적인 수행 과정에는 엄격한 윤리적 책임이 따르며 포렌식 엔지니어링 분야의 신뢰성을 확보하는 데 필연적으로 작용한다.

■ 객관성 및 중립성 유지

포렌식 엔지니어는 자신의 조사 결과와 의견에 대한 어떠한 사적 책임도 지지 않는다는 점을 명확히 함으로써, 객관적이고 중립적인 입장을 확고히 해야 한다. 이는 의뢰인의 기대나 요구, 심지어 외부의 압력에 관계없이 오직 사실과 과학적, 공학적 원칙에 기반하여 독립적인 조사를 수행해야 한다는 것을 의미한다. 어떠한 특정 결과를 요구하는 편향된 압력이 존재할지라도 엔지니어는 오직 증거를 바탕으로 규명하는 태도를 지녀야 하며 이해관계에 얽매이지 않고 공정한 시각을 유지하면서 평가해야 한다. 이것이 포렌식 엔지니어링 조사의 신뢰성을 확보하고 보장하는 기본적인 원칙이다.

■ 제약 범위의 투명한 공개

조사 과정에서 발생할 수 있는 시간적 제약, 예산의 한계, 안전상의 문제, 또는 증거 접근성의 어려움과 같은 실제적 제약 사항들은 조사의 범위나 최종 결과의 신뢰성에 영향을 미칠 수 있다. 포렌식 엔지니어는 이러한 제약 사항들을 보고서에 명확하게 기록하고 의뢰인은 물론 법정이나 공공기관 등 관계자에게 투명하게 소통해야 할 윤리적 책무가 있다. 이는 결과에 대한 오해를 방지하고 해석과 조사 결과에 대해 궁극적으로 투명성과 신뢰도를 향상하는 데 기여할 수 있다.

■ 과학적 검증의 의무

포렌식 엔지니어는 자신이 사용하는 방법론과 도출된 결론이 과학적으로 유효하고 재현 가능한지 지속적으로 검증해야 한다. 이는 단순히 한 번의 검증으로 끝나는 것이 아니라, 새로운 기술과 지식이 무한히 등장하는 점을 인지하여 자신의 전문성을 향상하고 기존의 방법론을 비판적으로 검토하는 과정이 필요하다. 만약 특정 분야에서 자신의 전문성 범위를 넘어선다고 판단될 경우, 통계 전문가, 재료 과학자, 법학자, 심리학자 등 다른 분야의 전문가로부터 자문을 구하거나 협력을 요청하고 융합하는 것을 적극적으로 고려해야 한다. 이로 인해 자신의 한계를 인정하여 다학적 관점으로부터 최적의 결과를 도출할 수 있다.

결론적으로, 포렌식 엔지니어의 전문적 판단은 단순한 '편의성(convenience)'을 넘어 그 가치를 인정받는 '신뢰성(reliability)'의 핵심 요소로서 윤리적 책임과 전문적 판단 능력의 조화는 포렌식 엔지니어가 사회의 공익 실현과 정의 구현에 기여하는 근간을 구축하는 중요한 역할로 자리매김하여야 한다.

제2장 포렌식 엔지니어링 제도

 이 장에서는 포렌식 엔지니어링 분야의 글로벌 표준과 해외 선진 사례를 분석하여 각국의 제도적 접근 방식과 그 특징을 비교한다. 특히, 이러한 국제적 경험이 국내 환경에 어떻게 적용될 수 있는지를 발견하고 국내의 건설 분야 포렌식 엔지니어링의 발전 방향을 모색하고자 한다.

2.1 주요 국가의 법의공학 제도와 사례

 미국의 포렌식 엔지니어링 분야는 현재 독보적인 리더십을 발휘하고 있으며 그 중심에는 미국토목학회(ASCE)와 미국재료시험학회(ASTM)가 있다. 이들 기관은 포렌식 엔지니어링의 표준과 지침을 수립하고 발전시키는 데 핵심적인 역할을 수행하고 있는 것으로 인정받고 있다.

○ 미국토목학회(ASCE)의 역할

■ 법의공학 부서(Forensic Engineering Division)

 ASCE는 미국토목학회(American Society of Civil Engineers)의 약자로, 1852년에 설립된 세계에서 가장 오래된 토목공학 전문 단체 중 하나로서 법의공학 부서(FED)는 건설 결함 조사를 위한 샘플링 방법론 가이드 개발 등 실제 현장에서 발생하는 문제 해결을 위한 실용적인 출판물들을 지속적으로 발간하고 있다.

이러한 가이드라인은 단순히 규범적인 매뉴얼이나 표준을 넘어 전문가들이 심도 있는 고찰을 통해 샘플링과 증명 방법을 탐색하도록 유도하는 동료 검토를 거친 지침서(peer-reviewed guide)의 특징이 있다. 이는 특정 상황에 대한 일반적인 해결책을 제시하기보다 전문가 판단과 경험을 바탕으로 한 유연한 접근을 권고하고 있다.

■ 다양한 출판물

ASCE는 허리케인 피해 조사 지침, 구조물 파손 사례 연구 등 다양한 출판물을 통해 법의학 조사의 포괄적인 주제를 확장하고 있다. 이러한 자료는 실제 사례를 통해 포렌식 엔지니어들이 복잡한 상황을 대처하고 자료와 증거를 수집하여 분석하는 데 필요한 실질적인 공학적 지식을 지속적으로 제공한다.

○ 미국재료시험학회(ASTM)의 역할

■ 표준 개발

미국재료시험협회(American Society for Testing and Materials)의 약자로 전 세계적으로 통용되는 국제 표준화 기구 중 하나로서 특정 재료나 구성 요소별 테스트에 대해 통계적이고 합의된 방법(consensus methods)을 기반으로 개발된 표준들을 제공하고 있다. 이 표준들은 포렌식 엔지니어들이 조사 과정에서 신뢰할 수 있는 방법론을 적용할 수 있는 지침이 되며 그 객관성과 재현성을 보장하는 데 기여하고 있다. 예를 들어, 콘크리트 압축 강도 시험이나 강재의 인장 강도 시험 등 ASTM 표준에 따라 수행되어야 그 결과가 객관적으로 인정받을 수 있는 신뢰성을 확보하고 있다는 것이다.

○ 제도적 접근의 특징

ASCE와 ASTM의 제도적 접근은 협업의 중요성과 같은 중요한 특징들이 있다.

■ 협업의 중요성

ASCE는 상당 기간 동안 지속적인 협력을 통해 표준과 지침을 완성하며 전문가들 간의 대면 회의와 가상 협업을 통해 개인적 유대와 전문적 협력을 강화하고 있다. 이는 법의공학이 **협력적인 직업**이라는 것을 명확히 보여 주는 사례로 볼 수 있다. 다양한 분야의 전문가들이 함께 문제에 접근함으로써 사실을 보다 포괄적이고 정확하게 분석할 수 있는 유의미한 행위로 작용한다.

■ 프레임워크 제공

단일 문서는 모든 상황을 다루기가 불가능하다는 점을 인정하고 샘플링이 필요할 때 고려해야 할 사항에 대해 포괄적인 틀(framework)을 제공하는 데 중점을 둔다. 이는 특정 상황에 얽매이지 않고 유연하게 적용할 수 있는 사고방식과 다양한 접근법을 제시하여 포렌식 엔지니어들이 다양한 변수에 능동적으로 대처할 수 있도록 한다.

■ 신뢰성 입증의 근거

법원이나 공공기관은 통계적 방법을 신뢰할 수 있는 방법론으로 지지하고 있지만 특정 상황에서는 통계적 유의성이 부족하더라도 관련 분야에서 인정되거나 동료 검토 문헌 및 표준에 의해 규정된다면 자료의 객관성을 증거로 인정할 수 있다. 이는 보고서의 신뢰성 확보 수단이 단순히 수치적인 결과에만 고집하는 것이 아니라 해당 분야의 전문가적 합의와 학술적 근거의 중요성을 강조하는 것이라 할 수 있다. 즉 과학적 방법론과 함께 다학제 전문가의 경험과 지식이 융합, 결합된 종합적인 판단이 매우 중요하게 작용한다는 것을 내포하고 있다.

이러한 미국의 선진 사례는 국내 포렌식 엔지니어링 제도의 발전과 표준화에 중요한 시사점을 제공한다. 특히, 협력적인 접근 방식, 유연한 프레임워크의 도입, 그리고 신뢰성 있는 증거 채택 기준 마련과 전문가의 경험을 중요시하는 특징이 있다.

2.2 국내의 도입 배경과 제도

과거 삼풍백화점(1994년)과 성수대교 붕괴(1995년)와 같은 비극적인 대형 참사를 겪으면서, 건축물과 구조물 안전성에 대한 사회적 경각심은 최고조에 달했다. 이러한 참담한 사건들은 단순한 사고를 넘어 설계, 시공, 유지보수 등 전 과정에 걸쳐 근본적인 문제점들을 시사하며 구조물 안전과 건설 결함에 대한 심각성을 노출한 계기가 되었다. 이에 따라 재난, 재해 등 사고 원인을 과학적이며 객관적으로 규명하고 그 책임 소재를 명확히 하는 포렌식 엔지니어링의 필요성은 사회 전반에서 강력하게 대두되었다. 포렌식 엔지니어링은 단순히 기술적인 분석을 넘어 법적 분쟁 해결과 재발 방지와 사고 예방의 강력한 핵심적 도구로 인식되기 시작했다.

하지만 현재 국내의 포렌식 엔지니어링 분야는 미국과 같은 선진국에 비해 그 개념과 인식이 아직 걸음마 단계에 머물고 있는 매우 안타까운 현실을 마주하고 있다. 특히 체계적인 전문가 양성 시스템과 법적, 제도적 기반이 거의 미비한 상태이며 선진국 수준의 전문성을 확보하고 독립적인 역할을 수행하기 위한 지침과 전문적인 교육 등 관련 분야는 거의 전무한 실정이다. 이는 사고 조사 과정이나 예방, 대책으로 이어지는 기회비용 소실 등 사회적 공익을 저해하며 효율성과 신뢰성은 담보할 수 없는 요인을 작용할 수 있다. 국내에서는 현재 전국 총 2,829건 중 경기권 내에서 790건(27.9%)의 사고가 집계되었으며, 이에 따른 인명피해는 경기권 지역만 부상과 사망을 포함하여 총 70명이다(행정안전부 재난연감, 2023). 현재 국내에서 포렌식 엔지니어링은 주로 정부 주도의 사고조사위원회가 주도하며 여러 한계를 내포하고 있다.

지역별 사고현황

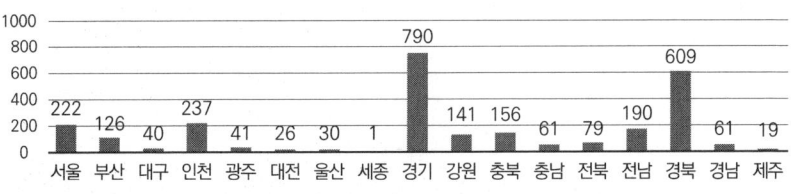

구분	합계	서울	부산	대구	인천	광주	대전	울산	세종	경기	강원	충북	충남	전북	전남	경북	경남	제주
사고	2,829	222	126	40	237	41	26	30	1	790	141	156	61	79	190	609	61	19

인명피해 현황

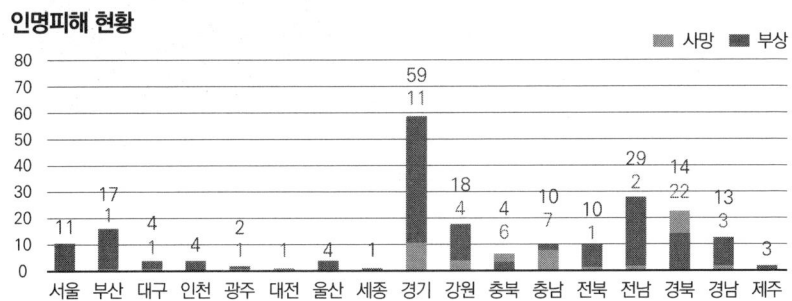

구분	서울	부산	대구	인천	광주	대전	울산	세종	경기	강원	충북	충남	전북	전남	경북	경남	제주
합계	11	18	5	4	3	1	4	1	70	22	10	17	11	31	36	16	3
사망		1	1		1				11	4	6	7	1	2	22	3	
부상	11	17	4	4	2		4	1	59	18	4	10	10	29	14	13	3

건설 붕괴사고 통계자료(2023, 행정안전부 재난연감)

■ 사고조사위원회 대응

재난 및 재해 등 대형 사고가 발생할 경우, 정부는 범부처 차원의 사고조사위원회를 구성하여 그 원인을 종합적으로 조사하며 위원회의 구성원은 다양한 각 분야의 전문가들이 참여하여 기술적, 법적, 제도적 측면에서 다각적인 분석을 시도한다. 그러나 이러한 위원회는 단기적인 대응에 초점을 맞추며 조사 결과는 향후 법적 분쟁에서 직접적인 증거로 활용되기보다 정책 개선이나 재발 방지 대책 마련에 비중을 두는 경우가 많으며 독립성과 중립성에 대한 논란이 제기되기도 한다.

광명 신안선 붕괴 사고 현장(2025)
출처: 경기도소방재난본부

■ 전문가의 접근 및 해외 표준

법정 소송이나 분쟁 발생 시에는 관련 분야의 기술사, 건축사, 공학 교수 등 개별 전문가들이 각자의 오랜 경험과 심도 있는 지식을 바탕으로 의견서를 제출하거나 증언을 한다. 이 과정에서 국내에 정립된 명확한 기준이나 가이드라인이 부족한 경우가 많아, 미국토목학회(ASCE)나 미국재료시험협회(ASTM)와 같은 해외 유수의 기관에서 제정한 표준이나 관련 문헌을 참고하여 분석의 객관성과 신뢰성을 확보하려는 노력이 이루어진다. 그러나 이러한 접근 방식은 개별 전문가의 역량과 경험에 크게 의존한다는 한계가 있으며, 통일된 기준이 부재하여 상이한 해석을 낳을 수도 있다.

■ 법적 절차와 증거 수집 한계

포렌식 엔지니어링의 중요한 요소 중 하나는 사고 현장의 증거와 자료를 정확하고 신속하게 수집하여 보전하는 것이다. 국내 법적 절차상 수집 과정에서 상대방의 적극적인 협조가 필수적이나 강제할 수 있는 법적 근거가 미흡하여 조사에 난항을 겪게 된다. 예를 들어, 사고의 원인 제공자가 자료 제출을 거부하거나 현장 접근을 제한 할 경우 객관적인 진실 규명이 어려워지며 결국 공정한 책임 소재 규명에 방해가 될 수 있다. 또한 증거와 자료 훼손의 위험성에도 노출되므로 방지할 만한 제도적 장치가 충분치 않다는 문제가 제기된다.

이론적으로는 ASCE나 ASTM과 같은 국제 표준이 제시하는 과학적이고 체계적인 방법론을 따르려고 노력하고는 있지만 현실에서는 국내 고유의 법적 절차와 문화적 특성 그리고 무엇보다 현장의 실제적인 제약 사항에 따라 제한되는 경우가 많다.

예를 들어, 신속한 조사를 요구하는 국내 문화적 특성상 충분한 시간적 여유를 가지고 깊이 있는 분석을 수행하기 어려운 경우가 있으며 복잡한 이해관계와 분쟁 속에서 객관적인 증거 수집 및 분석은 방해의 요소가 된다. 국내 포렌식 엔지니어링의 발전을 위해서는 체계적인 교육 시스템의 구축과 독립적인 전문가 양성 및 국제 표준에 부합하는 법적, 제도적 기반 마련이 요구되는 실정이다.

2.3 중대재해처벌법의 배경과 내용

중대재해처벌법(정식 명칭: 중대재해 처벌 등에 관한 법률)은 사업주와 경영책임자에게 안전·보건 확보 의무를 부과하여 중대재해를 예방하고 피해자의 권리 보호 및 재발 방지를 위한 기업 책임 강화 및 안전관리가 기업 경영의 핵심 요소로 자리 잡도록 유도하기 위하여 2021년 1월 8일 제정되고 2022년 1월 27일부터 시행된 법으로서 산업현장에서 반복적으로 발생하는 사망사고와 대형 참사에 대한 사회적 요구와 제도적 한계를 극복하기 위해 마련되었다.

2.3.1 주요 내용

■ 적용대상

사업주, 법인 또는 기관의 경영책임자 등 상시 근로자 수 5인 이상 사업장 (단, 50인 미만은 2024년부터 적용)

■ 처벌대상 범위

중대산업재해 - 사망 1명 이상 발생, 동일한 원인으로 6개월 이내에 2명 이상 부상·직업병, 동일한 유해 요인으로 1년 이내 직업병자 3명 이상 발생

- **처벌 수위**

중대재해 발생 시에 경영책임자 1년 이상 징역 또는 10억 원 이하 벌금

2.3.2 제도의 보완 내용

- 중소기업의 안전관리 역량 부족 및 비용 부담 증가

- 경영책임자의 의무 범위 불명확성으로 인한 논란 가중

- 실효성 있는 안전문화 정착을 위한 보완 입법과 제도 개선이 필요

○○폐기물 수집처리업체 창고 화재(2023, 강릉 사천면)
출처: 강원특별자치지도 소방본부 일일소방활동

제3장 사고 유형별 포렌식 엔지니어링

이 장에서는 인류 역사에 큰 획을 남긴 비극적인 대형 사고들을 깊이 있게 분석하며 포렌식 엔지니어링 분야의 발전에 어떻게 기여했는지 발견하고자 한다. 우리에게 남긴 쓰라린 교훈을 통해 공학적 실패의 본질을 이해하고 미래의 잠재적인 재난과 재해를 효과적으로 예방하기 위한 통찰력을 얻을 수 있다고 판단한다.

고용노동부 산업재해 현황(2025, 2분기)의 통계자료를 보면 사고재해자는 총 69,201명 중 사망자는 1,120명이며 그중 재해자의 경우 2024년 대비, 사업장 규모가 5인에서 49인 미만은 3.3%이며, 사망자의 경우 사업장 규모 5인 미만은 27.5%, 1,000인 규모 이상은 20%가 증가한 것으로 집계되었다.

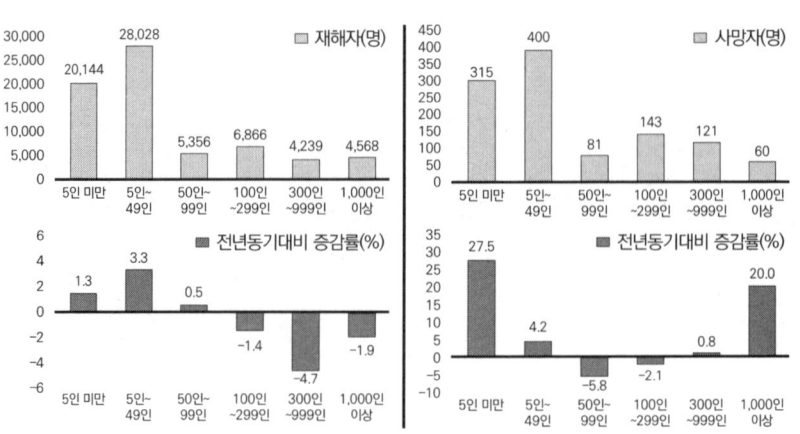

규모별 재해자 및 사망자(2025, 고용노동부 산업재해 현황 2분기)

3.1 국내외 사고 사례

포렌식 엔지니어링의 역사는 거대한 파괴 및 붕괴사고의 역사와 밀접한 관계 속에 있다. 대규모 구조물 붕괴는 단순한 물리적 파괴를 넘어서 당해 엔지니어링 지식과 기술적 한계를 여실히 드러내는 부끄러운 역사가 된다. 동시에 이러한 사고들은 기존의 조사 방법론으로는 규명하기 어려운 복합적인 원인을 밝혀내기 위해 새로운 조사 기술 개발과 방법론의 필요성을 강력하게 촉발시켰다.

3.1.1 삼풍백화점 붕괴(1995년)

■ 삼풍백화점 붕괴

성수대교 붕괴 약 8개월 후인 1995년 6월 29일, 서울 서초구에 위치한 삼풍백화점이 붕괴하는 대형 참사가 발생했다. 502명의 사망자와 실종 6명, 937명의 부상자를 낸 이 참혹한 사고는 대한민국 역사상 가장 많은 인명 피해를 낸 건축물의 붕괴 사고로 기록되었다. 이 건축물은 원래 주거용 건물로 설계되었으나 백화점으로 용도 변경하며 당초 설계 단계부터 부실한 과정이었으며 건설 과정에서도 총체적 부실 시공으로 철근 누락이나 콘크리트 강도 미달 등을 확인하였다. 그리고 옥상에 무리한 하중을 가하는 식당가를 설치하는 부적절한 용도 변경 등 복합적인 요인들이 얽혀 발생한 전형적인 '연쇄적인 실패의 고리(Chain of Failures)' 사례였다. 이 사건에서 포렌식 엔지니어들이 수행해야 할 핵심 과제는 사고 발생 직전의 상황과 수십 년에 걸친 건물의 설계 도면, 시공 기록, 증축 및 용도 변경 이력과 붕괴 후 잔해물에 대한 철저한 분석을 통해서 실패의 고리를 명확히 밝혀내는 것이었다. 이 사건을 통해 건축물의 안전 규제 강화, 건설 감리 시스템 개선, 그리고 건축 관련 법규의 전반적인 재정비를 촉발하는 중요한 시사점이 되었다.

삼풍백화점 붕괴(1995)
출처: 서울특별시 소방재난본부

3.1.2 성수대교 붕괴(1994년)

■ 성수대교 붕괴

1994년 10월 21일 발생한 성수대교 붕괴 사고는 대한민국 건설 역사상 가장 충격적인 사건 중 하나로 기록된다. 출퇴근 시간대에 발생하여 32명의 사망자와 17명의 부상자를 낸 이 사고는 당시 국민 모두에게 큰 충격을 주었다. 초기 조사에서는 교량 상판을 지지하는 트러스 구조물의 용접 불량과 장기간에 걸친 유지보수 미흡이 주요 원인으로 지목되었으나 이 사고는 단순히 눈에 보이는 구조적 결함만을 조사하는 것을 넘어서 교량의 설계부터 시공 과정 그리고 준공 이후의 보수 이력(history)과 관리 상태까지 들여다보는 포렌식 접근 방식의 중요성을 일깨워 주었다. 즉 단일 결함이 아니라 시스템 전반에 걸쳐 나타난 다양한 취약점을 파악해야 한다는 교훈을 남기게 된 것이다. 우리는 성수대교 붕괴 사고를 계기로 국내 건설 분야에서는 부실 공사에 대한 경각심이 높아지면서 교량뿐 아니라 1종, 2종 시설물, 기타시설물까지 구조물 안전 점검 시스템 강화의 필요성이 대두되었다.

성수대교 붕괴(1994)
출처: 서울특별시 소방재난본부

3.1.3 타워 사우스 붕괴(2021년, 미국 플로리다)

■ 플로리다 서프사이드 챔플레인 타워 사우스 붕괴(2021년, 미국)

2021년 6월 24일, 미국 플로리다주 서프사이드에 위치한 12층 규모의 챔플레인 타워 사우스 콘도미니엄 건물의 절반가량이 갑작스럽게 붕괴하여 98명이 사망하는 비극적인 사고가 발생했다. 이 사고는 건설된 지 약 40년이 지난 노후 건물에서 발생했으며, 해안가에 인접한 환경적 특성이 붕괴에 큰 영향을 미쳤다. 장기간에 걸친 해안가 환경의 염분 침투로 인한 철근 부식(corrosion)과 콘크리트 열화(degradation)가 복합적으로 진행되어 구조물의 지지력이 서서히 약화된 것이 주요 원인으로 지목되었다. 이 사례는 사고 당시의 현장 조건만을 분석하는 것의 한계를 보여주며, 장기간에 걸쳐 진행되는 재료의 노후화(aging)와 열화된 콘크리트 샘플 채취, 미세균열 분석, 화학적 성분 분석 등을 통해 재료의 성능 변화 과정을 추적하는 '재료 포렌식(Material Forensics)'의 중요성을 극명하게 강조한다. 또한, 건물의 정기적인 유지보수 및 점검, 특히 해안가와 같이 특정 환경적 스트레스에 노출된 구조물에 대한 체계적인 관리가 얼마나 중요한지를 보여주는 사례이기도 하다.

플로리다 서프사이드 챔플레인 타워 사우스 붕괴(2021, 미국)
출처: 마이애미-데이드 소방구조국

  이러한 실제적인 사례들을 살펴보면 대부분의 대형 붕괴와 파손 사고는 단 하나의 명확한 원인으로 귀결되기보다는 설계상 결함, 부실한 시공, 미흡한 유지관리와 환경적 요인(예: 부식, 피로, 지반 침하 등)과 같은 복합적인 요인들이 결합하여 발생하는 경우가 대부분이다. 따라서 포렌식 엔지니어는 사고의 복잡성을 이해하여야 하며 문제의 근원을 정확히 파악하기 위해서는 전체 시스템을 아우르는 거시적이고 통합적인 관점을 견지해야 한다. 즉 특정 재료의 미시적 손상과 파괴 메커니즘을 밝혀내기 위한 재료 단위의 심층적인 분석인 파괴 역학, 미세구조 분석, 화학적 조성 분석 등을 병행하는 다각적인 접근 방식은 필수적이라 할 수 있다. 이를 통해 실패의 그림을 성공으로 완성하고 유사 사고의 재발과 예방을 위한 실질적인 교훈을 도출할 수 있다.

3.2 건설 결함과 성능 저하의 관점

대형 붕괴 사고와 같은 재난은 사회적 이목을 집중시키고 즉각적인 조사를 촉발하지만 누수나 균열, 소음 및 진동과 같은 건설 결함은 시설물 전반에 걸쳐 다양하고 광범위하게 발생하고 있는데 그 원인을 특정하기는 매우 어려운 복잡성이 있다. 이러한 문제들은 건축물의 미관을 해칠 뿐만 아니라 거주자에게는 불편함을 주고 안전상에 영향을 미치며 궁극적으로 '사용 적합성(fitness-for-use)'에 대한 심각한 의문을 부여하게 된다. 이는 흔한 법적 분쟁의 주요 원인을 작용하며 건축주나 시공사 및 설계자 등 다양한 이해관계자 간의 복잡한 갈등과 분쟁으로 성장하게 되는 경우가 많다.

전통적으로 건설 결함 조사는 주로 숙련된 전문가의 경험적 판단과 육안 검사(visual examination)에 의존해 왔다. 이는 초기 단계의 결함이나 명백한 하자에 대해서는 효과적일 수 있었지만, 구조물의 깊숙한 곳에 숨겨진 문제나 복합적인 원인에 의한 성능 저하를 파악하는 데는 한계가 명확했다. 예를 들어, 콘크리트 내부의 미세 균열이나 부식, 단열재의 시공 불량으로 인한 열교 현상 등은 육안으로는 거의 식별하기 어려운 한계로 인해 종종 문제의 근본적인 해결을 지연시키고 경과 연수가 흐를수록 심각한 문제로 발전할 가능성을 항상 내포하고 있었다.

그러나 20세기 후반부터 기술이 발전함에 따라 조사 방법론에도 혁신적인 변화가 일어났으며 대표적으로 비파괴 검사(nondestructive testing, NDT) 기술의 등장은 구조물의 손상 없이 내부 결함을 분석 가능하게 하여 초음파 탐상시험, 반발경도 시험 등의 콘크리트 비파괴 시험, 철근 탐사, 용접부 검사 등의 다양한 방식으로 활용되기 시작했다. 현대 사회의 3차원 스캐닝 기술은 복잡한 구조물의 현재 상태를 정밀하게 디지털화하여 시공 도면과의 오차를 비교하거나 변형 및 침하를 예측할 수 있으며 열화상 분석(thermal imaging)은 건축물의 단열 성능 평가, 누수 지점 탐지, 전기 설비 과열 여부 확인 등에 광범위하게 적용되며 육안으로 감지할 수 없는 온도 변화를 시각화하여 문제를 신속하게 해결하는 필수적인 수단이 되었다.

이 외에도 음향 방출(acoustic emission) 센서는 미세한 균열의 성장이나 재료의 응력 변화를 실시간으로 감지할 수 있으며 드론을 활용한 공중 촬영과 고층 건물의 외벽이나 대규모 시설물의 지붕 상태처럼 접근 제약이 있는 점검에 효율적으로 기여할 수 있다. 또한 인공지능(AI)과 머신러닝 기술의 융합은 방대한 데이터를 수집하고 결함 발생 패턴을 분석 및 예측하여 더욱 정확한 진단을 가능하게 함으로써 포렌식 엔지니어링의 지평을 확장하게 되었다.

이러한 첨단 기술의 발전은 건설 결함 조사의 정확성과 신뢰성을 향상시켰을 뿐만 아니라 문제 발생의 근본 원인을 과학적이고 객관적으로 규명하는 데 필수적인 기반이 된다. 이는 단순한 하자 보수를 넘어 유사한 결함의 재발을 방지하고 건축물의 장기적인 성능과 안전을 확보하는 데 중요한 역할을 수행할 수 있기 때문에 포렌식 엔지니어링은 과거의 경험과 직관에 의존하던 방식에서 벗어나 데이터와 과학적 분석에 기반한 문제 해결 방식으로 진화하고 있다는 사실을 시사하고 있다.

3.3 재해 및 재난 조사의 관점

자연재해로 인한 구조물 조사는 포렌식 엔지니어링의 핵심적인 영역으로 단순한 피해 복구를 수준을 넘어 미래의 재난 예방과 대응 전략 수립에 지대한 영향을 미치게 되며 각 재해 유형별 특성과 재난 조사를 통해 발전해 왔다.

■ 지진(Earthquake)

지진으로 인한 구조물 손상 조사는 지진력에 대한 구조물의 저항 메커니즘을 심층적으로 분석하는 데 초점을 맞춘다. 주요 분석 내용은 다음과 같다.

- □ **설계 기준의 적정성**: 해당 지역의 지반 특성, 예상 지진 규모 등을 고려하여 적용된 내진 설계 기준이 적절했는지 평가하고 건축법규 및 구조 설계 기준의 개정 및 제안으로 이어진다.
- □ **시공 품질**: 설계도서와 실제 시공이 일치하는지, 사용된 자재의 품질은 적합했는지, 시공 과정에서 발생한 잠재적 결함이 손상에 영향을 미쳤는지 등을 콘크리트 압축 강도 시험, 철근 배근 상태 확인 등을 포함하여 다각도로 검토한다.
- □ **지반의 특성**: 액상화 현상, 지반 침하 등 지반 조건이 구조물 손상에 미친 영향을 분석하며 이는 지반 조사 기준 및 기초 설계의 중요성을 재확인하는 데 충분한 계기가 된다.
- □ **사례 분석**: 1995년 일본 고베 대지진과 1994년 미국 LA 노스리지 지진은 내진 설계 기준의 대폭적인 강화와 기존 건축물의 내진 보강 필요성을 세계적으로 노출하는 계기가 되었다. 고베 지진은 필로티 구조물의 취약성을 명확히 드러내며 해당 구조에 대한 설계 지침 변화를 유도하는 계기가 되었으며 지진 발생 후 구조물 안전 평가의 중요성이 강조되어 신속하고 체계적인 피해 등급 분류와 거주 가능 여부 판단의 기준이 마련되기도 하였다.

- 화재(Fire): 화재 사고 조사는 발화 원인 규명뿐만 아니라 화재로 인한 열 응력이 구조물에 미치는 영향에 대한 공학적 분석을 포함한다.
- 발화 지점 및 원인: 발화 지점을 정확히 파악하고 전기적 요인, 가스 누출, 인화성 물질 취급 부주의 등 화재의 원인을 과학적으로 규명하고 이는 예방 대책 수립의 기초로 작용한다.
- 확산 경로: 화재가 구조물 내부에서 어떻게 확산되었는지, 방화 구획의 기능은 적절했는지 등을 분석하여 화재 확산을 억제하는 설계와 확산을 예방할 수 있는 방안과 재료의 중요성을 시사한다.
- 구조적 손상 정도: 화재로 인한 고열이 콘크리트, 철근, 철골 등 구조 재료에 미치는 영향을 평가한다. 콘크리트의 폭열 현상, 철골의 항복 강도 저하 등을 분석하여 구조물의 잔존 강도를 판단하고 복구 또는 철거 결정을 위한 근거를 제공함으로써 재료 공학적 지식과 비파괴 검사 기술을 활용하게 된다.

■ 풍수해(Wind and Water)

허리케인, 태풍, 홍수 등 강력한 자연 현상으로 인한 구조물 피해 조사는 풍압 및 수압에 대한 구조물의 저항력을 중점적으로 평가한다.

- 풍압력(Wind Pressure) 평가: 강풍에 의한 외장재(지붕, 벽체, 창문) 손상, 구조 골조의 변형 및 파괴 등을 분석한다. 풍동 실험 데이터를 활용하여 설계 시 반영된 풍하중 기준이 적절했는지 검토하고 건축물의 형태와 주변 지형이 풍하중에 미치는 영향도 고려한다.
- 수압(Hydrostatic Pressure) 및 유향, 유속 평가: 홍수나 해일에 의한 직접적인 수압과 유속에 의한 침식 및 부유물 간의 충돌 등으로 인한 구조물 손상을 분석하고 지하 구조물의 침수나 부상, 교량 하부 구조의 세굴 현상 등을 함께 평가한다.

- **물, 우수 침투의 재료 손상**: 물의 침투로 인한 목재의 부패와 금속 부식, 단열재의 성능 저하 등 재료별 특성에 따른 손상 정도를 분석하여 복구 및 예방 방안을 제안한다.
- **전문 기관의 역할**: 미국토목학회(ASCE)와 같은 전문 기관들은 허리케인 피해를 공학적 조사에 대해 상세 지침을 발간하여 조사 방법론의 표준화를 제시하였으며 피해 사례 분석을 통해 건축 설계 기준과 시공측면의 실무 개선에 기여하고 있다. 이는 풍수해에 취약한 지역의 건축물 설계 시 필수적인 참고 자료가 제공된다.

이러한 재해 조사를 통해 축적된 방대한 데이터는 재난, 재해 방지 설계 기준을 강화하고 재난 발생 시에는 보다 신속하고 효율적인 복구와 보강 전략을 수립하여 피해를 최소화하는 데 필수적인 역할을 한다. 「**우리는 사고를 통해 배운다**」 포렌식 엔지니어링은 과거의 실패와 사고를 단순한 비극으로 치부하지 않고, 상세하고 면밀히 분석하여 미래의 안전을 위한 귀중한 교훈이자 발전의 밑거름으로 전환하는 핵심적인 역할을 수행한다. 이는 궁극적으로 인명 피해를 최소화하고 사회경제적 손실을 줄이는 데 기여할 수 있다.

제2부

과학적 조사 방법론

제1장 체계적 조사 방법론

 이 장에서는 포렌식 엔지니어링의 핵심인 현장 조사를 위한 체계적인 방법론을 깊이 있게 다루려 한다. 구조물의 손상이나 붕괴 원인을 과학적으로 규명하고, 정확하고 신뢰성 있는 결론을 도출하기 위해서는 현장에서 오염되지 않고 대표성을 갖는 데이터를 확보하는 것이 가장 중요하다. 이를 위해 다양한 테스트 기법과 조사의 목표 및 대상 구조물 특성과 제한된 시간적, 재정적 조건들을 종합적으로 고려하여 최적의 샘플링 방법을 수립하고 적용하는지에 대해서 중점적으로 조명하였다. 현장 조사는 단순히 데이터를 수집하는 것을 넘어, 문제의 근원을 찾아내고 재발 방지 대책을 수립하는 데 필수적인 과정이다.

1.1 비파괴(Destructive) 및 파괴(Nondestructive) 시험

 현장 조사는 크게 비파괴 시험과 파괴 시험 두 가지로 상호 보완적인 유형의 테스트로 분류할 수 있다.

- ■ 비파괴 시험(Nondestructive Testing, NDT)
NDT는 대상 구조물에 어떠한 물리적 손상도 가하지 않고 내부 상태, 재료 특성, 또는 결함 유무를 평가하는 기법이다. 이는 구조물의 보전이 중요한 경우, 광범위한 영역을 신속하게 스캔해야 하는 경우, 또는 초기 단계에서 잠재적 문제 영역을 식별하는 데 매우 유용하다.

□ 주요 기법

- **레이더(GPR, Ground Penetrating Radar)**: 전자기파를 지중 또는 구조물 내부로 전자파를 입사하여 반사된 신호를 분석함으로써 매설물의 위치, 지층 경계, 공동 등을 탐사하며 교량 상판, 터널 라이닝, 건물 바닥 등의 내부 상태 평가에 효과적이다.
- **콘크리트 스캐닝**: 전자기 유도 방식 등을 사용하여 콘크리트 내부의 철근 위치, 배근 간격, 피복 두께 등을 파악하여 균열 탐지나 내부 공동 확인에도 활용된다.
- **열화상 카메라**: 재료의 열적 특성 변화를 이용하여 내부 결함(예: 박리, 습기 침투, 단열 불량)으로 인한 온도 차이를 시각화한다.
- **초음파 테스트**: 고주파 음파를 구조물에 투사하여 반사 또는 투과되는 파형의 변화를 분석함으로써 내부 균열, 공동, 재료의 밀도 변화 등을 감지하여 콘크리트 강도 추정에도 유용하게 활용할 수 있다.

□ **장점**: 구조물 손상 없음, 신속한 초기 정보 획득, 광범위한 적용 가능, 비용 효율적(일부 초기 단계)

□ **단점**: 직접적인 물성치 측정 불가, 결함의 심각성이나 깊이 파악에 한계, 특정 결함 유형 및 조건과 숙련자의 분석 능력에 따라 감지율의 차이가 있으며 자료의 품질 수준은 저하될 수 있음

G.P.R 탐사   G.P.R 탐사 장비

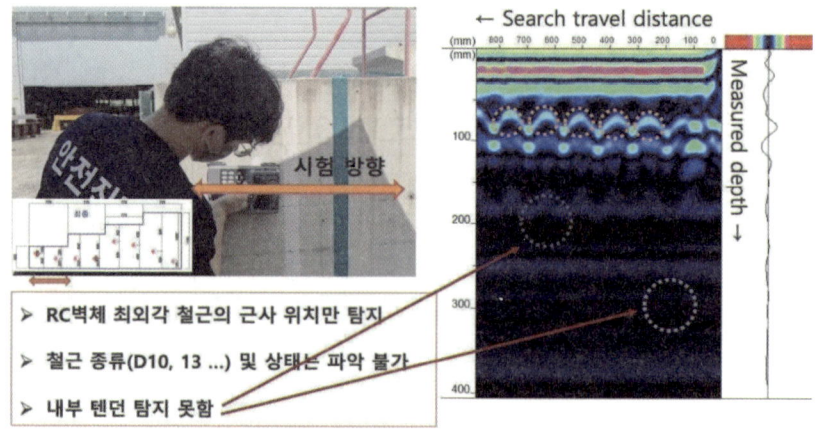

철근 배근 조사

출처: 한국건설기술연구원, 「안전보강 콘크리트 구조물 비파괴진단 핵심기술 개발」, 2023

■ 파괴 시험(Destructive Testing)

파괴 시험은 대상 구조물의 일부를 직접 채취하거나 시험 장비를 이용하여 물리적인 손상을 가함으로써 재료의 역학적 특성, 구성 성분, 열화 정도 등을 정량적으로 확인하는 기법이다. 이 방법은 가장 정확하고 신뢰성 있는 데이터를 제공하지만, 구조물의 원형을 훼손하고 추가적인 복구 비용과 시간을 수반한다.

□ **주요 기법**
- **콘크리트 시편(코어) 채취**: 드릴 장비를 사용하여 콘크리트 구조물에서 원통형 시편(코어)을 채취한다. 채취한 코어 시료는 압축 강도 시험, 탄성 계수 시험, 염화물 함유량 분석, 중성화 깊이 측정 등 다양한 실내 시험에 활용되어 콘크리트의 실제 물성치를 정확하게 파악한다.
- **철근 인장 시험**: 구조물에서 철근을 직접 절단하여 채취한 후 재료 시험기(UTM)를 사용하여 인장 강도, 항복 강도, 연신율 등을 측정하고 이는 철근의 실제 강도와 연성을 확인하는 데 매우 유용하다.
- **재료 표본 분석**: 암석, 금속, 목재 등의 미세 구조, 화학적 조성, 결정 구조 등을 현미경 관찰, X선 회절 분석(XRD), 주사 전자 현미경(SEM) 등을 통해 분석하여 재료의 열화 메커니즘이나 초기 설계와의 차이점을 규명한다.
- **인발 시험**: 앵커나 보강재가 구조물에 얼마나 견고하게 고정되어 있는지 인발력을 가하여 저항 성능을 현장에서 직접 측정한다.

□ **장점**: 가장 정확하고 신뢰성 있는 정량적 데이터 제공하며 재료의 실제 물성치 파악 가능하여 결함의 심각성 및 원인 규명에 결정적으로 기여한다.

□ **단점**: 채취한 부위의 구조물 손상을 유발하며 원상 복구가 필요하고 소요 비용과 시간이 소요된다. 또한 일부 경우 구조물의 사용성에도 영향을 미칠 우려가 있다.

현장 조사에서는 파괴와 비파괴 테스트를 상호 보완적으로 병행하여 사용하는 것이 가장 효과적인 접근 방식이다. 예를 들어, 초기 단계에서는 비파괴 시험(NDT)을 통해 광범위한 영역에 걸쳐 잠재적인 문제 영역이나 의심 지점을 신속하게 식별하고 식별된 영역 중 가장 심각한 손상이 예상되거나 정밀한 분석이 필요한 지점을 '지시적으로(directed)' 선정하여 파괴 테스트를 수행한다. 이렇게 전략적인 두 가지의 시험 기법을 결합하여 비파괴 테스트의 광역 탐사 능력과 파괴 테스트의 정밀 분석 능력을 최대한 활용하여 문제의 원인과 심각성을 효율적으로 파악하고 궁극적으로는 신뢰성을 향상할 수 있는 결론을 유도할 수 있다.

1.2 샘플링 방법론

포렌식 엔지니어링에서 샘플링(sampling)은 전체 모집단(whole population)에 대한 정보를 얻기 위해 일부를 연구하는 과정으로서 이는 제한된 자원과 시간 내에서 최대한의 정보를 수집할 수 있으며 전체 모집단의 특성을 추론하고 증거로서의 신뢰성을 확보하는 데 필요한 필수적인 절차이다. 어떤 샘플링 방법을 선택하느냐에 따라 조사의 신뢰성과 법적 증거로서의 가치가 달라질 수 있는데 이는 무작위 샘플링(random sampling)과 지시적 샘플링(directed sampling)의 두 가지로 크게 나눌 수 있다. 이 두 가지는 각각의 적용 대상에 따라 특정 사건의 특성과 목적에 따라 가장 적절한 방법을 신중하게 선택해야 한다.

1.2.1 단순 무작위 샘플링(Simple Random Sampling, SRS) 이론과 적용

SRS는 모집단의 모든 객체가 샘플로 선택될 동일한 확률을 갖는 통계적 방법이다. 이는 표본의 선택 과정에서 전문가의 주관적 판단이나 편향이 개입될 여지를 최소화하여, 객관적이고 과학적인 결과를 도출하는 데 유리하다. SRS는 표본을 통해 전체 모집단에 대한 결론을 도출하는 추론 통계(inferential statistics)와 밀접한 관련이 있다. 추론 통계는 표본 데이터를 기반으로 모집단의 모수(parameter)를 추정하거나 가설을 검정하는 과정을 포함하며, SRS는 이러한 추론의 신뢰성을 높이는 데 핵심적인 역할을 한다.

SRS의 일반적인 절차는 다음과 같다.

1. **모집단 크기(N) 결정**: 이 과정은 조사 대상이 되는 전체 항목의 수를 정확히 파악하는 과정으로서 수천 개의 불량 부품이나 수백만 개의 데이터 기록 등이 될 수 있다.
2. **표본 크기(n)를 결정**: 이 과정은 표본 크기는 조사의 목적, 필요한 통계적 신뢰 수준, 허용 가능한 오차 범위 등을 고려하여 결정되며 일반적으로 표본 크기가 클수록 모집단에 대한 추정의 정확도가 높아지나 조사 비용과 시간도 함께 증가하므로 적절한 균형점을 찾는 것이 중요하다. 이로써 통계학적 공식이나 경험적 규칙을 통해 최적의 표본 크기를 도출할 수 있다.
3. **모집단의 각 객체에 연속적인 번호 부여**: 이 과정은 각 객체가 독립적인 식별자를 갖도록 하여 무작위 선택이 가능하도록 하여 실제 적용 시에는 데이터베이스의 고유 ID, 물리적 제품의 일련번호 등을 활용할 수 있다.
4. **1부터 N까지 n개의 무작위 번호 선택**: 이 과정은 난수표, 통계 소프트웨어, 또는 무작위 번호 생성기 등을 사용하여 수행되며 선택된 번호에 해당하는 객체들이 실제 조사 대상인 표본이 된다.

이론적으로는 SRS가 가장 편향되지 않은(unbiased) 방법으로 간주된다. 이는 각 객체가 동일한 선택 확률을 가지므로, 특정 특성을 가진 객체가 과도하게 포함되거나 배제될 가능성이 낮기 때문이다. 따라서 SRS를 통해 얻은 표본은 모집단을 대표할 가능성이 높으며, 이를 통해 얻은 통계적 결과는 높은 신뢰성을 갖는다.

하지만 실무에서는 모든 항목이 동등하게 접근 가능하거나, 샘플 수량이 비현실적으로 많아지는 등의 사유로 완벽하게 적용하기 어려운 경우가 많다. 예를 들어, 물리적으로 접근하기 어려운 위치에 있는 제품이나, 손상되어 식별이 어려운 데이터 등은 SRS 적용에 제약이 될 수 있다. 또한, 매우 큰 모집단의 경우 모든 객체에 번호를 매기고 무작위로 선택하는 과정 자체가 엄청난 시간과 자원을 요구할 수 있다.

이러한 단점에도 불구하고 SRS는 특정 결함의 발생률을 통계적으로 입증해야 할 때 중요한 도구가 된다. 예를 들어, 제조 공정에서 특정 불량률이 기준치를 초과했는지 여부를 증명하거나 대규모 데이터셋에서 특정 유형의 오류 발생 빈도를 추정해야 할 때 SRS는 강력한 근거를 제공하기 때문이다. SRS를 통해 얻은 데이터는 통계적 가설 검정의 기반이 되며 이를 통해 유도되어 도출된 결론은 객관적인 증거로 제시될 수 있다. 이는 포렌식 엔지니어링의 핵심 목표 중 하나인 '과학적이고 객관적인 증거 제시'에 부합하는 중요한 방법론이라 할 수 있다.

1.2.2 지시적(비무작위) 샘플링의 원리와 사례

지시적 샘플링(directed sampling)은 엔지니어의 심층적인 전문적 지식과 경험을 바탕으로, 가장 핵심적이고 관련성 높은 정보를 효율적으로 얻기 위해 샘플을 선별하는 전략적 방법론이다. 이 기법은 특히 시스템이 복잡하고 고유한 특성을 지니거나, 분석해야 할 변수가 다수 존재하여 단순한 무작위 샘플링으로는 충분한 통찰을 얻기 어려운 상황에서 그 진가를 발휘한다. 지시적 샘플링은 제한된 자원과 시간 속에서 최적의 결과를 도출하기 위한 과학적 접근 방식이라 할 수 있다.

○ 지시적 샘플링 기법

■ 최대 변화 샘플링(Maximum Variation Sampling)

이 기법은 조사 대상 내에서 극단적인 특성을 보이는 영역들을 의도적으로 선택하여 비교하고 대조하는 데 중점을 둔다. 예를 들어, 성능이 매우 우수한 부분과 심각하게 손상된 부분을 동시에 샘플링함으로써, 그 차이점과 공통점을 분석하여 결함의 근본 원인이나 성능 저하의 메커니즘에 대한 결정적인 단서를 확보할 수 있다. 이는 문제의 본질을 다각도로 이해하는 데 필수적인 접근 방식이다.

■ 기회적 샘플링(Opportunistic Sampling)

현장 조사나 분석 과정에서 예상치 못하게 새롭게 드러나는 단서나 특이점을 즉각적으로 포착하고, 이를 기반으로 추가적인 샘플링을 진행하는 유연한 방법이다. 이 과정은 더 이상 새로운 정보나 패턴이 나타나지 않을 때까지 반복되며, 현장의 변화에 즉각적으로 반응하여 심층적인 정보를 얻는 데 매우 효과적이다. 이는 고정된 계획에 얽매이지 않고 실시간으로 정보를 탐색하는 데 강점이 있다.

■ 조합 샘플링(Combination Sampling)

이 기법은 무작위 샘플링의 객관성과 지시적 샘플링의 집중적인 분석 능력을 결합한 하이브리드 방식이다. 초기 단계에서는 무작위 샘플링을 통해 광범위한 데이터와 기초적인 정보를 수집한다. 이 초기 정보를 바탕으로 문제의 핵심 영역이나 추가 조사가 필요한 부분을 식별한 후, 해당 영역에 대해 지시적 샘플링으로 전환하여 더욱 집중적이고 심층적인 조사를 수행한다. 이는 전반적인 상황을 파악하면서도 특정 문제에 대한 깊이 있는 분석을 가능하게 한다.

○ 사례

한 법의학 엔지니어가 대규모 지붕의 누수 원인을 규명하기 위해 $30,000(ft^2)$에 달하는 지붕을 정밀하게 조사한 사례는 지시적 샘플링의 효과를 명확히 보여준다. 엔지니어는 지붕을 $10 \times 10(ft)$의 균일한 격자로 나누어 각 격자의 부착력(adhesion)을 테스트했다. 초기 들림(uplift) 테스트 결과, 전체 지붕 면적의 63%가 제대로 부착되지 않은 것으로 나타나 심각한 문제를 시사한 사례이다.

여기서 중요한 것은 엔지니어의 샘플링 전략으로서 무작위로 샘플을 선택하는 대신 부착력이 양호한 영역과 부착되지 않은 문제 영역을 반반의 비율로 지시적으로 선택하여 '테스트 컷(test cuts)'을 수행했다. 이 테스트 컷은 지붕 표면을 잘라내어 내부 구조와 상태를 직접 확인하는 정밀 분석 과정이었다.

이러한 지시적 샘플링의 결과는 매우 의미가 있다. 부착되지 않은 영역에서만 명확한 수분 침투의 흔적이 발견되었고 부착된 영역에서는 수분 침투가 전혀 확인되지 않았다. 이 '비교 및 대조(compare and contrast)' 분석을 통해 엔지니어는 지붕 접착 불량의 궁극적인 원인이 다름 아닌 '수분 침투'라는 결정적인 결론을 도출할 수 있었다. 이 사례는 지시적 샘플링이 단순히 데이터를 수집하는 것을 넘어, 특정 가설을 효과적으로 검증하고 문제의 핵심 원인을 정확히 파악하는 데 얼마나 강력한 도구가 될 수 있는지를 입증한다. 이는 자원의 낭비 없이 가장 중요한 정보에 집중하여 최적의 해결책을 찾는 데 기여한 사례로 기여하였다.

1.2.3 샘플 수량 결정의 통계기법

지시적 샘플링(Purposive Sampling)은 연구자의 판단과 목적에 따라 특정 대상을 선정하는 방식이므로, 샘플 수량에 대한 고정된 규칙이나 통계적 계산법이 존재하지 않는다. 반면, 무작위 샘플링(Random Sampling) 또는 확률 샘플링(Probability Sampling)의 경우, 모집단의 특성을 대표할 수 있는 최소한의 샘플 크기(n)를 통계적으로 산출하는 것이 중요하다. 이는 연구 결과의 일반화 가능성과 신뢰도를 확보하는 데 필수적이기 때문이다.

널리 사용되는 샘플 크기 결정 공식 중 하나는 Krejcie와 Morgan(1970)이 제안한 방법이다. 이 공식은 모집단의 크기(N), 연구자가 허용하고자 하는 오차 한계(ME, Margin of Error), 그리고 결과에 대한 신뢰 수준(CL, Confidence Level)을 복합적으로 고려하여 필요한 최소 샘플 크기를 계산한다.

$$n = \frac{X^2 \cdot N \cdot P(1-P)}{d^2(N-1) + X^2 \cdot P(1-P)}$$

- **N**

전체 모집단의 크기(Population size)

- **n**

필요한 최소 샘플 크기

- **d**

허용오차율(Degree of accuracy)

- **ME(Margin of Error)**

허용 가능한 오차 범위. 일반적으로 백분율로 표현되며, 예를 들어 0.05(±5%)는 연구 결과가 실제 모집단 값과 5% 포인트 이내로 차이 날 수 있음을 의미한다. 오차 한계가 작을수록 더 많은 샘플이 필요하며 정밀도가 높아진다.

- **CL(Confidence Level)**

신뢰 수준. 연구 결과가 실제 모집단의 특성을 올바르게 반영할 확률을 나타낸다. 예를 들어, 95%의 신뢰 수준은 동일한 연구를 100번 수행했을 때, 95번은 얻어진 결과가 실제 모집단 모수를 포함할 것이라는 의미이다. 신뢰 수준이 높을수록 더 많은 샘플이 필요하다. 일반적으로 90%, 95%, 99% 등이 사용된다.

- X^2(Chi-square value)

특정 자유도(degrees of freedom)와 신뢰 수준에 해당하는 카이제곱값 (X^2)이다. 이 값은 통계표에서 찾아 사용하며, 95% 신뢰 수준의 경우 보통 z값 1.96의 제곱(약 3.841) 을 사용한다. (이항분포 기반에서는 z-score^2 = χ^2으로 적용된다.)

- P

모집단 내에서 특정 특성(예: 결함 발생)을 가진 개체의 비율이다. 이 값이 미리 알려져 있지 않을 경우, 최대 샘플 크기를 산출하기 위해 일반적으로 0.5(50%)로 가정한다. P가 0.5일 때 P(1-P)는 0.25로 최댓값을 가지므로, 가장 보수적인(즉, 가장 큰) 샘플 크기를 제공한다.

○ 적용 시 고려사항

이론적으로는 위 공식을 통해 필요한 샘플 수를 정확하게 계산할 수 있다. 그러나 법의공학과 같은 실제 응용 분야에서는 순수한 통계적 요구사항 외에 다양한 실무적 제약이 따른다.

1. **시간의 제약:** 현장 조사, 샘플 수집 및 분석에 소요되는 시간은 한정적이기 때문에 긴급한 상황에서는 통계적으로 이상적인 샘플 수를 확보하기 어려울 수 있다.
2. **비용의 제약:** 샘플 수집, 운반, 보관, 분석과 시험에는 상당한 비용이 발생할 수 있으므로 예산이 제한적일 경우에는 원하는 만큼의 샘플을 확보하는 것이 불가능할 수 있다.

3. **안전상 제약**: 특정 구조물이나 현장에서 샘플을 채취하는 과정은 안전상의 위험을 동반할 수 있기 때문에 접근이 어렵거나 위험한 환경에서는 샘플 채취 자체에 제약이 따를 수 있다.
4. **샘플의 가용**: 조사 대상이 되는 샘플 자체가 물리적으로 제한적이거나 파괴 검사가 허용되지 않는 귀중한 증거물일 경우 충분한 수량을 확보하는 것이 불가능할 수 있다.

○ 실무적 제약과 역할

이러한 실무적 제약으로 인해 통계적으로 계산된 이상적인 샘플 수를 확보하지 못하는 경우가 발생할 수 있다. 이러한 상황에서 법의공학자는 책임과 준비가 필요하다.

■ 제약 사항의 보고

보고서나 진술에서 샘플 수량에 영향을 미친 모든 제약 사항(시간, 예산, 안전, 가용성 등)을 투명하고 명확하게 기술해야 한다.

■ 결론이 미치는 영향

샘플 수량의 부족이나 비정형적인 샘플링 방법이 최종 결론의 통계적 유의성이나 일반화 가능성에 어떤 영향을 미칠 수 있는지 심층적으로 분석하고 설명할 준비가 되어 있어야 한다. 예를 들어, "제한된 샘플 수로 인해 본 분석 결과는 특정 사례에 대한 경향성을 시사할 뿐 전체 모집단에 대한 통계적 확신을 제공하지 못할 수 있다"와 같은 명확한 설명과 단서를 제공해야 한다.

■ **정성적 분석과 전문가 판단 강조**

통계적 샘플링이 불가능할 경우, 비록 통계적 유의성은 낮더라도 수집된 소수의 샘플에 대한 면밀한 정성적 분석과 법의공학자의 숙련된 전문가 판단이 결론 도출에 결정적인 역할을 함을 강조해야 한다.

■ **분석 방법의 대안 고려**

샘플 수량의 한계를 극복하기 위해 비파괴 검사, 디지털 포렌식 기법, 시뮬레이션 등 대안적인 분석 방법을 병행하여 자료의 증거에 대한 보강 노력도 매우 중요하다.

결론적으로 통계적 샘플 크기 결정 공식은 과학적이고 객관적인 조사를 위한 중요한 도구이나 실무에서는 이론과 현실의 균형을 찾아가는 과정은 필수적이다. 포렌식 법의공학자는 통계적 원칙을 이해해야 하며 실무적 제약을 인식하고 현실적 제약이 결과에 미치는 영향에 대해서 명확하게 소통함으로써 가장 신뢰할 수 있는 결론을 도출하는 최선의 노력을 다해야 한다.

제2장 데이터 분석과 해석

이 장에서는 현장에서 수집한 방대한 데이터를 어떻게 과학적이고 체계적으로 분석하며, 이를 통해 사건의 진실을 밝히는 데 필요한 의미 있는 결론을 도출하는지에 대해서 깊이 있는 접근 방법을 소개한다. 포렌식 엔지니어링의 핵심은 단순한 데이터 수집을 넘어서 데이터가 품고 있는 진실을 정확하게 해석하는 능력을 갖추어야 한다.

2.1 데이터 신뢰성 평가와 통계

수집된 데이터의 양이 아무리 방대하더라도, 가장 근본적이고 중요한 첫 단계는 해당 데이터가 얼마나 신뢰할 수 있는지를 엄격하게 평가하는 것이다. 현장에서 측정된 모든 값은 다양한 내외부적 변수들, 예를 들어 측정 환경의 미묘한 변화, 사용된 장비의 잠재적 오차, 그리고 측정 작업을 수행한 작업자의 숙련도와 환경 및 컨디션 등 다양한 영향을 받을 수 있다. 따라서 이러한 측정값들을 맹목적으로 신뢰하는 것은 치명적인 오류로 이어질 수 있기 때문에 반드시 다각적이며 다학제적 검증 과정과 심의를 거쳐야 한다.

■ 데이터 분산 분석과 검증

현장 샘플링을 통해 얻은 데이터는 필연적으로 다양한 형태의 분산(variance)을 포함할 수 있다. 분산이 크다는 것은 데이터의 평균값으로부터 넓게 퍼져 있음을 의미하고 데이터의 일관성 및 신뢰도가 낮을 수 있음을 시사한다. 이때, 표준 편차(standard deviation)는 데이터가 평균값으로부터 얼마나 흩어져 있는지를 정량적으로 나타내는 핵심적인 통계 척도로서 표준 편차가 낮을수록 데이터 포인트들이 평균값에 밀집되어 있음을 의미하며 데이터의 변동성이 적고 신뢰성이 높다고 해석할 수 있다. 포렌식 분석에서는 여러 번의 반복 측정이나 다양한 조건에서의 샘플링을 통해 데이터의 분산을 최소화하고 이를 통해 얻은 표준 편차를 바탕으로 데이터의 정밀도와 신뢰도를 평가하게 된다.

■ **통계적 유의성 평가**

무작위 샘플링(random sampling) 기법을 통해 확보된 제한된 현장 데이터를 바탕으로 전체 모집단(예: 전체의 오염도, 특정 물질의 분포 등)에 대한 일반적인 추론이나 결론을 도출할 때, 통계적 유의성(statistical significance) 평가는 필수적인 수행 과정이다. 통계적 유의성은 관찰된 결과가 우연히 발생했을 확률이 얼마나 낮은지를 나타내는 척도로서 도출하는 결론의 확률적 확실성(probabilistic certainty)을 판단할 수 있다. 예를 들자면 특정 가설(귀무가설)을 설정하고 이를 기각할 수 있는 충분한 통계적 증거가 있는지를 'p-value'와 같은 지표를 활용하여 평가한다. p-value가 낮을수록 해당 결과가 우연이 아닐 확률이 높으며, 특정 현상이나 인과 관계가 통계적으로 유의미하다는 증거로 활용할 수 있다. 포렌식 분석에서는 이러한 유의성 평가를 통해 제시되는 증거의 과학적 타당성을 한층 더 강화한다.

이론적으로 통계적 분석은 포렌식 결론에 객관적이고 강력한 근거를 제공하지만, 실제 현장에서 수집되는 데이터는 복잡하고 비정상적(non-normal)이거나 표준적이지 않은 분포 양상의 경우도 많다. 이러한 데이터는 일반적인 통계 방법으로는 정확한 분석이 어렵고, 고도의 전문적인 통계 기법과 해석 능력을 요구한다. 예를 들어, 극단값이 포함된 데이터, 특정 패턴을 보이는 시계열 데이터, 또는 다중 변수가 복합적으로 작용하는 복잡계 데이터 등은 법의공학자의 기본적인 전문 분야를 넘어설 수 있다. 따라서 이러한 복잡한 통계적 난관에 직면했을 때는, 통계학 분야의 전문 지식을 가진 전문가와의 협업이 필수적이다. 통계분야 전문가는 데이터의 특성을 정확히 파악하고, 가장 적합한 통계 모델을 적용하며 결과의 불확실성을 정량화하여 보다 견고하고 논리적인 결론을 도출하는 데 결정적인 역할을 하는 분야로서 다학제적 협력은 포렌식 분석의 신뢰성과 정확성을 극대화하는 중요한 융합 요소이다.

2.2 수치해석(Numerical Analysis)과 역해석(Inverse Problem Solving)

포렌식 엔지니어링에서 재해, 재난 등 사고의 원인을 규명하고 재발 방지 대책을 수립하기 위한 핵심적인 접근 방식은 수치해석 및 역해석 기법의 활용이다. 현장 조사와 재료 테스트를 통해 수집된 방대한 데이터를 기반으로 컴퓨터 모델링을 통해 사고 상황을 정밀하게 시뮬레이션함으로써 물리적 현상을 이해하고 숨겨진 사고의 진실을 규명한다.

가. 수치해석(Numerical Analysis)

수치해석은 복잡한 물리 시스템을 수학적 모델로 표현하고, 이를 컴퓨터를 이용하여 근사해를 구하는 방법이다. 포렌식 엔지니어링에서는 사고 발생 시나리오를 재현하고, 특정 조건이 구조물이나 시스템에 미치는 영향을 예측하는 데 주로 사용된다.

■ 유한요소법(Finite Element Method, FEM)
- □ **개념**: 복잡한 형상을 가진 구조물을 유한한 수의 작은 요소(element)로 분할하여 각 요소에 대한 거동을 분석하고, 이들을 조합하여 전체 구조물의 거동을 예측하는 강력한 공학적 기법이다.
- □ **적용**: 구조물에 작용하는 다양한 하중(정적 하중, 동적 하중, 열 하중 등)과 응력 분포를 모의하여 파손 및 파괴 메커니즘을 규명하는 데 필수적으로 사용되며 특정 지점의 응력 집중, 피로 파괴, 좌굴 현상 등을 정량적으로 분석하고 사고의 근본 원인을 파악할 수 있다.
- □ **장점**: 실제 실험이 불가능하거나 너무 비용이 많이 드는 대형 구조물이나 복잡한 사고 시나리오에 대해 효과적인 분석 도구로 활용할 수 있기 때문에 다양한 설계 변경 및 조건 변화에 따른 구조물의 반응을 예측하여 최적의 안전 대책을 수립하는 데 기여할 수 있다.

나. 역해석(Inverse Problem Solving)의 접근

역해석은 포렌식 엔지니어링의 본질적인 접근이며 핵심 기술의 강력한 수단이다. 일반적인 공학 문제(정해석)는 '원인으로부터 결과'를 도출하는 것과 반대로 역해석은 '이미 알려진 결과로부터 원인'을 추론해가는 접근 방식이다.

■ 개념
사고 후의 잔해물 상태, 균열의 패턴, 변형 정도, 파손 지점 등 관찰 가능한 결과물(Effect)을 바탕으로, 사고를 유발한 초기 결함, 비정상적인 하중 조건, 재료 특성 변화, 혹은 외부 충격과 같은 알 수 없는 미지의 원인(Cause)을 논리적 방법으로 역추적하는 과정이다.

■ 적용
  □ **원인 추론**: 붕괴된 건축물의 잔해물 패턴을 분석하여 초기 설계 결함, 시공 불량, 또는 예측 불가능한 외부 하중의 존재 여부를 파악한다.
  □ **가설 검증**: 특정 사고 시나리오에 대한 가설을 수립하고 역해석을 통해 해당 가설이 실제 관찰된 결과와 일치하는지 검증하여 실제 사고 현장을 현실적으로 재현하기 어렵거나 불가능할 때 가장 효과적인 논리적 검증 방법이다.
  □ **미지 변수 식별**: 측정하기 어려운 재료 물성치나 초기 조건으로부터 사고 결과를 기반으로 역으로 미지 변수를 발견하고 결과를 도출하는 데 활용된다.

■ 교량 붕괴 시에는 붕괴된 교각의 파손 형태와 파편의 비산 거리를 통해 초기 균열의 위치와 크기, 하중의 종류를 분석하며 항공기 추락 사고에서 잔해물의 파손 양상과 분포를 통해 충돌 전의 비행 자세, 엔진 고장 위치, 구조적 결함 발생 지점 등을 역으로 계산하여 그 원인을 규명한다.

다. 법정에서의 증명과 신뢰성 확보
수치해석과 역해석을 통해 도출된 분석 결과는 법정에서 사고 원인을 증명하는 중요한 증거로 제시될 수 있으나 증거 능력을 확보하기 위해서는 다양한 조건을 충족해야 함을 인지하여야 한다.

■ **입력값의 검증**

수치해석 모델에 사용되는 모든 입력값(재료 물성치, 경계 조건, 하중 조건, 환경 요인 등)은 현장 조사 데이터, 실험 결과, 표준 규격 등을 통해 충분히 검증되고 신뢰할 수 있음을 명확히 보여주어야 하며 분석 결과의 정확성과 타당성을 확보하는 데 결정적인 요소로 작용하여야 한다.

■ **수치모델의 타당성**

사용된 수치해석 모델의 이론적 배경, 적용 범위, 검증된 사례 등을 제시하여 모델 자체의 신뢰성을 입증해야 한다. 아울러 모델링 과정에서 사용된 가정이나 단순화에 대한 명확한 설명도 필요하다.

■ **민감도 분석**

입력 변수의 작은 변화가 결과에 미치는 영향을 분석하는 민감도 분석을 수행하여, 특정 변수의 불확실성이 분석 결과의 신뢰성에 어떤 영향을 미치는지 보여주어야 한다.

■ **전문성과 투명성**

분석을 수행한 전문가의 자격과 경험 및 경력을 명시하고 분석 과정과 조사 및 수치해석의 방법론을 투명하게 공개하여 제3자가 검토할 수 있도록 해야 한다.

결론적으로, 포렌식 엔지니어링의 수치해석과 역해석 기법은 포렌식 엔지니어링에서 사고의 복잡성을 해소하고 과학적이고 객관적인 방법으로 사고 원인을 규명하며 궁극적으로 재발 방지 대책을 수립하는 데 매우 중요한 필연적 도구이다. 이러한 분석 결과를 성공적으로 활용하기 위해서는 데이터의 신뢰성과 모델의 타당성, 그리고 분석 과정의 투명성과 전문성이 철저히 보증되어야 한다.

2.3 실험적 검증의 중요성

수치해석은 복잡한 공학 문제 해결에 필수적인 도구이나 실제 현실에서 발생하는 모든 변수와 불확실성을 완벽하게 반영하기는 어렵다. 특히 재료의 미시적 결함, 환경 조건의 미묘한 변화, 하중 인가 방식의 복합성 등은 수치 모델만으로는 정확히 예측하기 어려운 경우가 다양하다. 이로 인해 한계를 극복하고 파손, 파괴의 원인을 명확히 규명하기 위해서 실제와 유사한 조건으로 실험체를 제작하여 파괴, 파손 메커니즘을 규명하는 실험적 검증과 재현(Replication) 또는 모의실험(Mock-up)이 필수적일 수 있다. 이는 특히 사고 조사뿐 아니라 제품 개발이나 설계 검증 등 다양한 분야에서도 활용되는 중요한 과정이다.

■ 재현(Replication)

재현은 사고가 발생했던 실제 상황을 가장 유사하게 재현하는 것을 목표로 하기 때문에 이를 위해 사고 당시 사용된 것과 동일한 재료와 시공 방법 및 조립 공정 등을 적용하여 모의 실험체를 제작한다. 그리고 사고 발생 시와 유사한 환경 조건(온도, 습도, 진동 등)과 하중 조건(반복 하중, 충격 하중, 정적 하중 등)을 정밀 제어하여 파손을 유발시킨다. 이 과정에서 파손의 시작점과 전파 경로, 최종 파단면 등 모든 단계의 변화를 면밀히 관찰하고 기록한다.

이러한 재현 실험을 통해 특정 가설이 실제 파손을 일으킬 수 있는 원인이 될 수 있다는 사실을 물리적, 시각적으로 명확하게 증명할 수 있으며 예를 들자면 특정 용접 불량이나 재료의 열화가 실제 파손의 주요 원인으로 지목될 경우에 동일한 조건에서 재현 실험을 수행하여 그 가설의 타당성을 입증할 수 있다. 이는 결정적인 증거로 활용될 뿐만 아니라, 향후 유사 사고를 예방하고 대책을 마련하는 중요한 근거로 활용할 수 있다.

■ **모의실험(Mock up)**

재현 실험은 실제 사고 상황을 완벽하게 재현하는 것이 불가능하거나 비현실적인 경우가 많다. 가령 메시브한 구조물 전체를 재현하거나 사고 당시의 정확한 하중 이력을 파악하기 어려운 경우가 있다. 이러한 상황에서는 사고 원인 규명에 핵심적인 영향을 미치는 주요 구성 요소만을 대상으로 모의실험을 수행하게 된다. 모의실험은 전체 시스템이 아닌 특정 부품이나 서브 시스템의 결함이 전체 시스템에 미치는 영향을 파악하거나, 특정 결함 모드가 파손에 어떻게 기여하는지를 분석하는 데 유용하게 활용할 수 있기 때문에 비용 측면에서 경제적이며 결함의 영향 범위를 효율적으로 파악하고, 잠재적인 위험 요소를 식별하는 데 도움을 준다.

예를 들어, 특정 볼트의 파손이 전체 구조물의 붕괴로 이어진 사고에서, 해당 볼트의 재료와 형상 및 체결 방법 등을 변수로 선정하여 모의실험을 통해 파괴, 파손 메커니즘을 분석할 수 있다.

이러한 실험적 검증과 재현은 파괴, 파손의 물리적 원인을 명확히 규명하고, 육안으로 직접 확인할 수 없는 복합적인 현상에 대해서 직관적이며 시각적으로 증명함으로써 매우 강력한 증거 자료가 될 수 있다. 이는 전문가의 의견이나 수치해석 결과만으로는 설득력이 부족할 수 있는 상황에서 이해관계자들의 이해를 돕고 분쟁 해결에 유의미한 영향을 미칠 수 있다.

그러나 실험적 검증은 상당한 비용과 시간이 소요된다는 단점을 가지고 있다. 실험체 제작과 특수 장비 사용 및 숙련된 인력 투입, 반복적인 실험 수행 등 높은 비용을 수반할 수밖에 없다. 또한 실험 환경 구축 및 결과 분석에 많은 시간이 필요하며 경우에 따라서 수개월에서 수년이 걸릴 수도 있는 단점도 존재한다. 따라서 모든 사고 조사에 실험적 검증을 적용하는 것은 현실적으로 어렵기 때문에 조사의 목표, 가용 예산과 분쟁의 중요도를 종합적으로 고려하여 실험의 필요성과 범위를 신중하게 결정해야 한다.

정리하면 초기 조사 단계에서는 수치해석이나 비파괴 검사 등을 통해 주요 가설을 수립하여 가설을 검증하거나 추가적인 증거가 필요한 경우에 대해 실험적 검증을 고려하는 것이 효율적인 방법이며 실험의 규모와 복잡도를 조절하여 예산과 시간을 최적화하는 방안과 전략도 필요하다. 예를 들어, 완전한 재현이 어렵다면 핵심적인 부분만을 대상으로 하는 모의실험을 우선적으로 고려한다면 과학적이고 객관적인 사고 원인 규명을 가능하게 하는 동시에 자원의 효율적인 활용이 가능할 것이다.

제3장 재료의 공학적 분석

이 장에서는 구조물의 안전성을 위협하는 결함의 근본적인 원인을 밝히기 위해 콘크리트, 철골과 기타 구조 재료에 대한 미시적 분석 기법을 심층적으로 다루게 된다. 육안으로는 식별하기 어려운 미세한 수준의 손상, 파괴 메커니즘을 파악하여 설계, 시공, 또는 사용 중 발생한 문제점을 명확히 규명하고 궁극적으로 구조물의 장기적인 안정성과 건전성을 확보하는 데 기여할 수 있다.

3.1 재료의 분석 기법

재료의 미시적 분석은 구조물 결함의 원인을 규명하는 데 있어 핵심적인 역할을 수행한다. 이는 거시적인 육안 검사나 비파괴 검사로는 파악하기 어려운 재료 내부의 미세 구조적 특성과 결함을 밝혀내는 데 필수적이다.

- **콘크리트**
    - **박편 검사**(Petrographic Examination): 콘크리트 코어 샘플을 채취하여 얇게 절단한 후, 편광 현미경을 이용한 박편 검사를 수행한다. 이 검사 기법을 통해 콘크리트 내부의 재료 구성(시멘트 페이스트, 골재, 혼화재)과 골재의 분포 및 균일성, 시멘트 페이스트의 경화와 공기량 등을 정밀하게 분석할 수 있다. 특히, 균열의 발생 원인인 건조수축과 동결융해 및 알

칼리-골재 반응과 재료 분리 현상 및 이물질 혼입 여부 등을 재료의 미시적 분석에 매우 사실적이다.

□ **압축 강도 시험**: 콘크리트 코어 샘플의 압축 강도 시험은 설계 강도(fck)에 미달 여부를 정량적으로 확인하는 가장 기본적인 방법으로서 콘크리트의 전반적인 품질과 강도 발현 특성을 평가할 수 있는 시험이다. 이러한 압축 강도 시험 결과와 함께 박편 검사 결과를 종합적으로 분석할 경우, 타설 당시의 물-시멘트 비율, 양생 조건, 재료 배합의 적절성 및 저강도 콘크리트의 재료 분리와 양생 불량에 인한 강도 저하를 원인 등을 확인할 수 있다.

□ **기타 분석**: 주사전자현미경(SEM)을 이용한 미세 구조 분석은 시멘트 수화물의 결정상 분석과 미세 균열 전파 양상 관찰에 활용되며 X-선 회절 분석(XRD)은 시멘트 광물상과 생성된 수화물의 종류를 파악하여 특정 화학 반응으로 인한 열화 여부를 판단하는 데 유용한 실내 시험 방법이다.

■ **철골**

□ **현미경 분석**: 부재의 용접부, 파단면, 또는 손상 부위에 대한 금속 현미경과 주사전자현미경(SEM) 분석 등을 통해 미세 균열의 발생 원인과 전파 양상 및 피로 파괴(fatigue failure), 취성 파괴(brittle fracture), 연성 파괴(ductile fracture)의 특성을 조사할 수 있다. 특히, 파단면 분석을 통해 응력 집중 구간, 초기 결함의 존재 여부를 파악하고 미세 조직 변화를 통해 재료의 열처리 이력 및 강도 저하 원인을 분석하여 규명할 수 있다.

□ **경도 시험과 성분 분석**: 철골 재료의 경도 시험을 통해 강도 특성을 간접적으로 평가하고 분광 분석, EDS 등 화학성분 분석을 통해 설계 당시의 재료 규격과 동일한지 여부와 불순물의 포함 여부 등을 파악할 수 있다. 이는 특히 용접부의 취약성이나 예상치 못한 파괴, 파손의 원인을 규명하는 주요한 시험으로 기여한다.

3.2 부식 및 열화(Degradation) 메커니즘

구조물의 부식 및 열화는 장기적인 관점에서 안전성을 심각하게 위협하는 주요 원인으로, 이는 구조물의 수명 단축과 직결된다. 포렌식 엔지니어링에서는 이러한 현상의 근본적인 메커니즘을 이해하고 정밀하게 분석하는 것이 중요하다.

■ 부식

- □ **콘크리트 구조물의 염분**: 철근 콘크리트 RC 구조물의 경우, 외부 환경으로부터 염분(염화물 이온)이 콘크리트 내부로 침투하여 철근 표면의 부동태막을 파괴하면서 철근의 부식을 유발한다. 이는 구조물의 수명을 단축시키는 가장 흔하고 치명적인 원인 중 하나이다. 포렌식 엔지니어는 콘크리트 코어 샘플의 염화물 함량(chloride content)을 측정하여 염분 침투 깊이와 농도 분포를 파악하고, 이를 통해 철근 부식의 진행 정도와 부식 위험도를 평가할 수 있다.

- □ **콘크리트 균열 패턴**: 철근의 부식은 부식 생성물(녹)의 부피 팽창을 유발하여 주변 콘크리트에 인장 응력을 발생시키며 콘크리트 표면에 균열을 발생시킨다. 포렌식 엔지니어는 이러한 부식에 의해 철근 방향을 따라 발생하는 종방향 균열 등 균열 패턴을 정밀하게 분석하여 부식의 원인인 염분 침투와 탄산화 반응에 따른 균열의 진행 정도가 구조물에 미치는 영향을 밝혀낼 수 있다. 전기화학적 방법으로는 전위차 측정을 통해 철근의 부식 정도와 활성도를 직접적으로 평가하기도 한다.

■ 열화

- □ **콘크리트의 동결융해**: 동절기에는 콘크리트 내부의 수분이 얼고 기온이

상승하면 수분이 녹는 과정이 반복되면서 발생하는 동결 융해로 인한 손상은 콘크리트의 미세 구조를 파괴하고 강도를 저하시키며 콘크리트 표면 박리, 스케일링, 균열 등의 형태로 나타난다.

□ **화학적 침식**: 산성비, 황산염 침식, 알칼리-골재 반응(ASR) 등 다양한 화학적 요인에 의해 콘크리트 구성 성분이 분해되거나 팽창하여 재료의 성능 저하를 초래하며 이러한 화학적 침식은 콘크리트의 표면 열화, 균열, 팽창 등 장기적으로 구조물의 구조적 안전성을 위협한다. 이는 미시적 분석을 통해 특정 화학 반응의 생성물을 확인하고 반응 메커니즘을 규명할 수 있다.

이론적으로는 부식과 열화가 재료에 미치는 영향은 잘 알려져 있지만, 실무에서는 다양한 환경적 요인인 온도, 습도, 염분 노출과 콘크리트 배합과 다짐 및 양생 등의 시공 품질, 그리고 재료 골재나 시멘트 자체의 특성이 복합적으로 작용하기 때문에 그 원인을 특정하기 위해 정밀한 미시적 분석이 필수적이다. 이러한 분석을 통해 얻은 데이터는 구조물의 현재 상태를 정확히 진단하고, 적절한 보수보강 대책을 수립할 수 있도록 결정적인 공학적, 과학적 근거를 제공하는 데 기여한다.

3.3 비금속 재료의 분석

건설 분야에서는 콘크리트와 철골과 같은 주요 구조 재료 외에도 다양한 비금속 재료가 폭넓게 사용된다. 이러한 비금속 재료들은 건축물의 기능성과 미관, 그리고 단열 성능에 중요한 재료이나 특정 환경에 의한 요인이나 재료 자체의 특성으로 인해 파손될 위험이 있다. 포렌식 엔지니어링은 이러한 비금속 재료의 파손 원인을 과학적이고 체계적으로 규명하는 데 필수적인 분야이다.

■ 목재

목재는 친환경적이며 가공이 용이하여 다양한 건축물에 사용되지만, 수분 침투로 인한 손상에는 매우 취약한 재료이다.

- □ **곰팡이 및 부패(부후)**: 높은 습도에 장시간 노출된 목재는 곰팡이와 부패균(부후균)의 번식으로 인해 강도가 저하되고 색상이 변하며, 심한 경우 구조적인 붕괴를 초래할 수 있다. 포렌식 엔지니어는 육안 검사뿐만 아니라 현미경 검사를 통해 곰팡이 및 부패균의 종류를 식별하고 그 손상 범위를 정량적으로 평가한다.
- □ **벌레로 인한 손상**: 흰개미, 개미붙이 등의 목재 해충은 목재 내부를 갉아 먹어 목재의 안정성을 심각하게 위협하기 때문에 해충의 종류와 침투 경로 및 손상 패턴을 분석하여 피해의 원인과 정도를 파악하는 것이 중요하다.
- □ **수분 함량 및 강도**: 목재의 수분 함량(moisture content)은 목재의 내구성과 직접적인 관련이 있기 때문에 전기 저항 측정기나 파괴 검사인 건조 오븐법 등을 통해 수분 함량을 정확히 측정하고 초음파 탐상기나 압축 시험으로 재료의 현재 강도를 평가하며 그 손상 정도를 판단한다. 이러한 데이터는 목재의 열화 속도와 미래의 잠재적 위험을 예측하는 데 활용된다.

■ 합성수지

플라스틱 파이프, PVC 창틀, 단열재, 바닥재 등 다양한 합성수지 재료가 건축물 내외부에 널리 사용된다. 이들 재료는 내구성과 경량성 및 가공성 등의 장점이 있으나 특정 조건에서는 쉽게 열화되거나 파손될 수 있다.

- □ **재료의 열화**: 자외선 노출, 고온, 반복적인 응력, 화학물질과의 반응 등으

로 합성수지의 물리적, 화학적 특성이 변화하여 강도가 저하되고 균열이 발생하거나 색상이 변할 수 있다. 예를 들어, PVC 파이프는 자외선에 장시간 노출될 경우 취약해져 파손되기 쉽기 때문에 포렌식 분석에서는 열중량 분석(TGA), 시차 주사 열량계(DSC), 적외선 분광법(FTIR) 등을 사용하여 재료의 화학적 변화와 열화 정도를 분석하여야 한다.
- □ **화학적 반응**: 특정 화학물질에 노출되거나 서로 다른 재료 간의 화학적 반응으로 인해 합성수지 재료가 부식되거나 용해되어 파손될 수 있다. 오염된 토양에 매설된 플라스틱 파이프나 특정 접착제와의 반응으로 인한 손상 등이 이러한 경우에 해당된다.

이러한 비금속 재료의 결함을 증명하기 위해서는 단순히 손상된 상태를 보여주는 것을 넘어서 재료 자체의 제조 결함과 부적절한 재료 선정 및 시공 불량 또는 외부 환경적 요인인 자연재해나 유지보수 부족 등과 같이 논리적이고 과학적인 사실을 명확하게 구분하여 제시해야 한다. 이를 위해 포렌식 엔지니어는 현장 조사, 샘플 채취, 실험실 분석 그리고 관련 문헌 및 시공 기록 검토를 종합적으로 수행하여 파괴, 파손 메커니즘을 규명하고 책임 소재를 판단할 수 있는 보고서를 작성하여야 한다.

제4장 지질 및 지반 공학적 조사

　이 장에서는 구조물의 기초인 지반에서 발생하는 지반 침하나 싱크홀과 같은 사고와 결함에 대한 포렌식 엔지니어링 조사 기법을 다룬다. 지반은 눈에 보이지 않는 다양한 요인과 복잡한 변수들을 내포하고 있어서 지반 특성을 정확히 파악하는 것이 구조물 안전성 평가의 핵심이다. 이는 설계 초기 단계부터 시공과정 및 준공과 운영 및 유지관리 단계에 이르기까지 지속적으로 고려되어야 한다. 지반 특성은 지형과 지질 및 지하수위와 흙의 물리적 특성 등 다양한 요소에 의해 결정되고 이러한 요소들은 상호작용 및 인과관계를 형성하여 장기적으로 구조물의 안정성에 큰 영향을 미치게 된다.

4.1 지반사고의 원인 규명

　구조물 붕괴의 대부분은 지반 특성을 잘못 이해하는 데서 문제가 시작된다. 이는 지반 조사 수량 부족이나 경험적 설계 오류 및 관행적인 시공과 예측 불가능한 자연적 현상 등 다양한 원인에 의해 발생한다. 지반 사고는 연쇄적인 붕괴를 유발하여 심각한 인명과 재산상의 피해와 손해를 초래하므로 그 원인을 정확히 규명하는 것은 매우 중요하며, 지반 사고의 주요 원인과 이해는 매우 중요한 포렌식의 항목이다.
　2024년 국토안전 자료에 따르면 전 지역 중 경기 지역에서 최대

197건으로 상수관 손상, 하수관 손상, 굴착공사 부실, 다짐(되메우기) 불량 등의 원인으로 집계되었다.

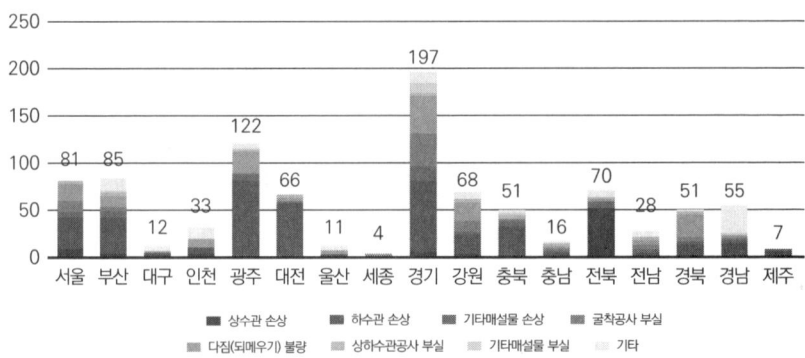

발생원인별(지역) 지반침하사고 현황(2019~2023), 국토안전관리원(2024)

땅꺼짐 사고(2022, 강원도 양양군)
출처: 국토교통부 중앙지하사고 조사위원회,
「양양군 국도변 땅꺼짐 사고 사고조사 보고서」, 2022, 보고서 수록 사진

○○시멘트 구조물 붕괴(2020, 강릉 옥계항)
출처: 강원특별자치도 소방본부 일일소방활동

■ **부등 침하(Differential Settlement)**

지반의 지지력(bearing capacity) 부족이나 지층의 불균일성으로 인해 구조물이 비스듬히 가라앉는 현상으로서 연약 지반 위에 건설된 구조물이나 지층 구성이 복잡한 지역에서 발생한다. 포렌식 조사는 지반 조사 보고서와 지질도 및 지표면의 변위 측정 데이터를 분석하여 원인을 규명한다. 추가적으로 구조물의 균열 패턴, 기울기, 그리고 주변 지반의 상태 변화를 면밀히 관찰하고 지반 보링(boring)과 시험을 통해 지층의 특성과 지지력을 재평가해야 하는 사례도 있다. 과거 지진이나 지하수위 변화와 같은 외부 요인으로 인한 지반 침하를 가속화하는 가능성도 함께 고려해야 할 것이다.

부등침하 발생사례
출처: 국토교통부 국토교통과학기술진흥원, 「연약지반 개량시 지지력 확보를 위한 지오텍스타일(인장매트)의 효율적 포설방법 및 봉합 접합부 강도 증대를 위한 기술개발」, 2017

■ 전도(Overturning) 및 활동(Sliding)

옹벽이나 비탈면이 붕괴될 때 발생하는 현상으로서 주로 설계상의 안정성 부족이나 배수 시스템 불량 및 지하수위 변화와 요인에 의해서 발생한다. 지반의 전단 강도(shear strength) 부족, 지층의 경사, 그리고 외부 하중인 인접 구조물 측압과 윤하중, 강우강도 등 복합적 작용으로 발생할 수 있다. 포렌식 조사는 옹벽의 구조 안정성 검토 및 토질 시험 결과 분석, 그리고 붕괴 현장의 지형 변화와 지하수 유속과 유향 패턴 등을 통해 원인을 규명한다. 특히 집중호우로 인한 지하수위 급상승은 비탈면 안정성에 치명적인 영향을 미칠 수 있으므로 강우 기록과의 상관성 분석은 필수적이다.

옹벽 붕괴(2025, 경기 오산)
출처: 경기도소방재난본부

■ 융기(Heaving)

흙이 팽창하거나 지하수 압력에 의해 지표면이 솟아오르는 현상이다. 이는 주로 동결-융해 작용(freeze-thaw cycle)에 의한 흙의 동상(frost heave), 점토질 흙의 팽창(swelling clay), 혹은 지하수 압력 상승(artesian pressure)에 의해 발생한다. 융기는 주로 경량 구조물이나 포장도로에서 발견되지만, 기초가 취약한 구조물에도 영향을 미칠 수 있다. 포렌식 조사는 지반의 함수비, 소성 지수(plasticity index), 그리고 지하수위 변화 기록을 분석하여 융기의 원인을 파악한다. 또한, 계절별 온도 변화와 지하수위 변동이 융기에 미치는 영향을 종합적으로 분석해야 한다.

지반 융기로 형성된 강릉 정동진 해안단구
출처: 문화재청

실무에서 지반 사고 조사는 일반적으로 초기 지반 조사 기록, 공사 일지 그리고 사고 후 추가적인 지반 탐사를 통해 이루어진다. 초기 지반 조사 기록은 설계 당시의 지반 조건을 파악하는 데 중요하며, 공사일지는 시공 중 발생한 특이 사항이나 변경 사항을 확인하는 데 도움이 된다. 사고 후 추가적인 지반 탐사는 붕괴 원인과 관련된 지반의 물리적, 역학적 특성을 정확히 파악하기 위해 필수적이다.

지반조사
출처: 피아이컴퍼니,
"지반조사 시추장비 현장 사진"

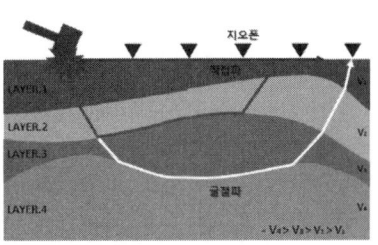
탄성파 탐사
출처: 피아이컴퍼니,
"물리탐사 – 탄성파탐사"

이는 시추 조사, 현장 시험인 표준 관입 시험 또는 콘 관입 시험과 실내 토질 시험 등을 포함하며, 필요에 따라 지구물리 탐사(예: 전기 비저항 탐사, 탄성파 탐사)를 통해 지반의 불균일성이나 지하수 분포를 파악하기도 한다. 이 모든 과정을 통해 얻은 데이터를 종합적으로 분석하여 사고의 근본적인 원인을 규명하고 재발 방지 대책을 수립한다.

4.2 지하 굴착 사고 조사

지하 굴착 공사는 도시 개발 및 인프라 확충에 필수적이나 동시에 심각한 안전상의 문제를 초래할 수 있는 위험 작업이다. 특히 굴착 과정에서 발생하는 사고는 주변 지반 및 구조물에 치명적인 영향을 미칠 수 있으며, 인명 및 재산 피해로 이어질 가능성이 높다. 따라서 지하 안전 관리는 굴착 공사의 핵심 요소이며, 사고 발생 시 철저한 조사를 통해 원인을 규명하고 재발을 방지하는 것이 중요하다. 전국적으로 지하 공동조사를 진행한 결과, 2022년도에 전 지역이 증가하고 그중 경기 지역에서 4,018건으로 가장 많은 공동이 발견된 것으로 집계되었다(국토안전관리원 지하안전 통계연보, 2024).

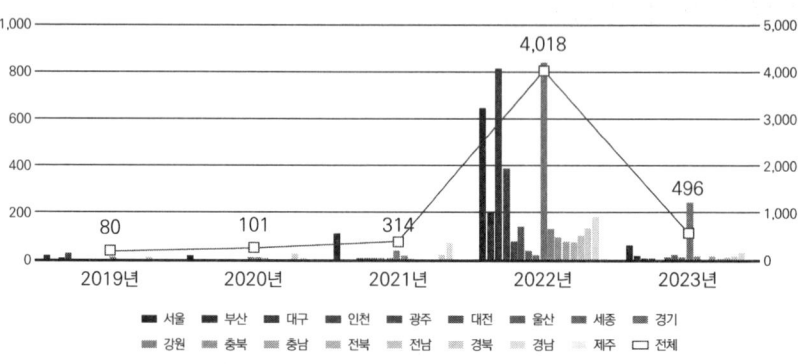

지역별 공동조사 현황(2023), 국토안전관리원 2024 지하안전 통계연보

○ 주요 굴착 사고 유형 및 메커니즘

■ 지하수 유출로 인한 지반 침하

굴착 공사 중에는 지하수위가 변동될 수 있으며, 굴착면을 통해 지하수가 과도하게 유출될 경우 지반 내 간극수압이 감소하게 된다. 이는 흙 입자 간 유효 응력을 감소시켜 지반의 강성을 약화시키고, 결국 주변 지반의 침하를 유발할 수 있다. 특히 점토질 지반이나 느슨한 모래 지반에서 이러한 현상이 두드러지게 나타난다. 지하수 유출 또한 인접 구조물의 기초 지반을 약화시켜 균열 발생이나 구조물 기울기 증가와 같은 심각한 손상을 초래할 수 있다.

■ 토압 부족으로 인한 흙막이 벽체 붕괴

굴착 공사 시 주변 지반의 붕괴를 막기 위해 설치하는 흙막이 벽체는 주변 지반의 측방 토압(earth pressure)을 대응하는 역할을 하는 가설공사로서 설계 오류나 시공 불량 및 예상치 못한 진동과 외부 하중 등의 요인으로 변형이나 파손 및 붕괴를 유발한다. 흙막이 벽체가 주변 토압을 제대로 대응하지 못하면 주변 지반이 붕괴되어 굴착면으로 유입되면서 대규모 사고로 이어질 수 있으며 도로 함몰이나 인접 구조물과 건축물의 붕괴 등 2차 피해를 유발하는 매우 위험한 사고 유형이다.

○ 포렌식 엔지니어링 조사

굴착 사고 발생 시, 포렌식 엔지니어는 사고의 원인을 과학적이고 체계적으로 규명하는 데 핵심적인 역할을 수행한다. 이들은 단순히 사고 현장을 조사하는 것을 넘어서 사고 전후의 모든 관련 데이터를 분석하여 사고의 근본 원인을 파악한다.

■ 계측 데이터 분석

굴착 현장에는 지반의 변위, 경사, 침하 등을 모니터링하기 위한 다양한 계측 장비인 변위계, 경사계, 침하계, 간극수압계 등이 설치된다. 포렌식 엔지니어는 사고 전후로 기록된 이 계측 데이터를 정밀하게 분석하여 지반 거동의 이상 징후나 흙막이 벽체의 변형 추이 등을 파악하는데 특정 지점에서 벽체 변위의 갑작스러운 증가, 지하수위 하강이 관측되었다면, 이는 사고 발생의 직접적인 원인이나 사고 전조 현상으로 해석될 수 있다.

■ **설계 도면과 시공 기록**

사고 현장의 설계 도면(지반 조사 보고서, 굴착 계획도, 흙막이 구조물 상세도 등)과 시공 기록(일일 작업 보고서, 자재 투입 기록, 품질 관리 기록 등)을 철저히 검토한다. 이를 통해 설계상의 오류나 시공 과정에서의 설계 기준 미달이나 부적절한 자재 사용 및 공정 미준수 등 문제점을 밝혀낼 수 있으며 설계 도면과 실제 시공 간의 차이점을 발견할 수 있다.

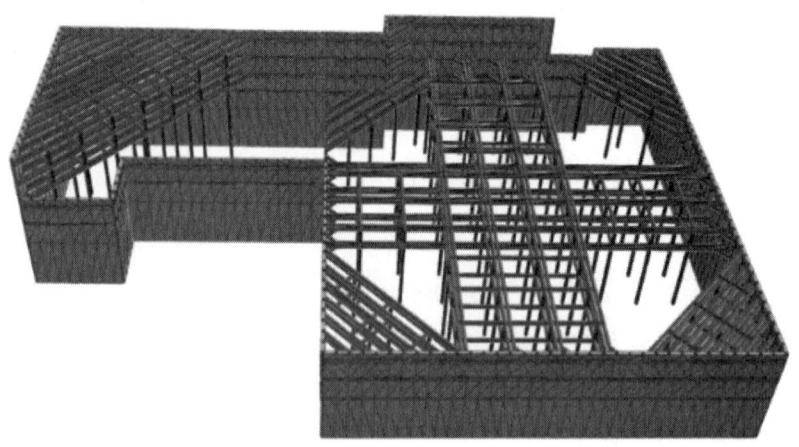

3D 탄소성해석 모델
출처: 피아이컴퍼니, 토목설계/굴토감리 "3차원 해석"

■ **현장 조사 및 지반 재조사**

사고 현장에 대한 정밀한 현장 조사를 실시하여 파손된 구조물의 형태와 지반의 붕괴 양상 및 지하수 유출 흔적 등을 육안으로 확인하고 기록한다. 필요한 경우 추가적인 지반 조사(Boring)를 실시하여 사고 지점의 지반 특성을 재확인하고 잔류 응력이나 지반의 강도 변화를 재평가한다.

■ 수치 해석과 시뮬레이션

수집된 데이터를 바탕으로 유한요소 해석(FEM) 또는 유한차분 해석(FDM)과 같은 수치 해석 기법을 활용하여 사고 발생 시의 지반 거동 및 구조물의 응력 상태에 대한 시뮬레이션을 통해 특정 조건 변화가 사고로 이어진 파괴, 파손 메커니즘을 명확하게 입증할 수 있다.

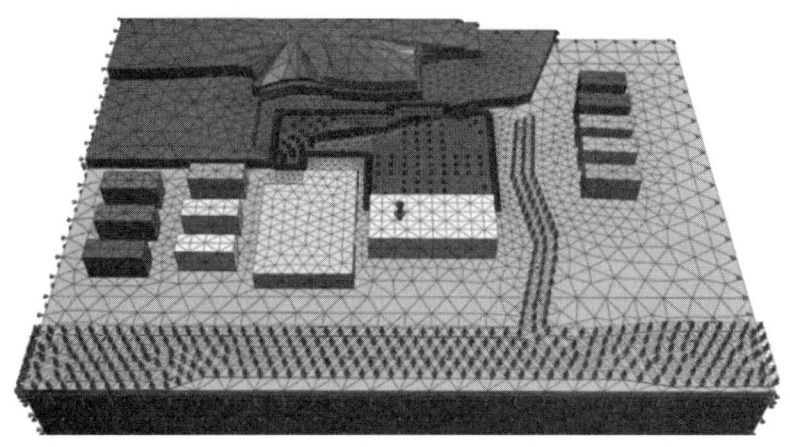

3D 수치해석 모델
출처: 피아이컴퍼니, 토목설계/굴토감리 "3차원 해석"

이러한 포괄적인 조사를 통해 포렌식 엔지니어는 굴착 공사상의 문제점(예: 부적절한 굴착 공법, 미흡한 지하수 관리, 흙막이 공법의 한계, 예측 불가능한 지반 조건 변화)을 정확히 진단하고, 사고의 책임 소재를 가려내며, 향후 유사 사고를 방지하기 위한 기술적 권고 사항을 제시한다. 이는 분쟁 해결은 물론, 건설 안전 기술 발전에 기여하는 중요한 과정이다.

4.3 비탈면 붕괴 사고 조사

산사태와 같은 비탈면 붕괴 사고는 지반 포렌식의 중요한 분야로서 단순한 재해를 넘어선 심층적인 원인 분석과 법적 책임 규명이 필요한 영역이다. 이러한 사고는 막대한 인명과 재산 피해와 손실을 유발하므로 포렌식 엔지니어의 역할은 사고 발생의 근본적인 원인을 밝히고 재발 방지 대책을 수립하는 데 필수적이다.

■ 비탈면 안정성 분석

포렌식 엔지니어는 비탈면의 안정성을 평가하기 위해 다각적인 접근 방식을 고려한다.

- □ **지질 특성**: 비탈면을 구성하는 토양 및 암반의 종류 및 지반의 물리적 특성인지반강도와 점착력 및 내부 마찰각과 지층 구조, 단층 및 절리 등의 불연속면의 방향과 경사 등을 상세하게 분석한다. 이는 비탈면의 잠재적인 취약점을 파악하는 데 결정적인 정보를 제공한다.
- □ **지하수 흐름**: 지하수위의 변동, 지하수 흐름 경로, 그리고 간극수압의 변화는 비탈면의 안정성에 지대한 영향을 미치므로 포렌식 엔지니어는 지하수위 측정공 설치, 투수성 시험, 그리고 수리지질학적 모델링을 통해 지하수의 거동을 파악하고 비탈면의 전단 강도 감소에 어떻게 관여하는지를 면밀히 평가한다.
- □ **강우량 데이터**: 강우량의 과거 이력, 특히 집중 호우의 발생 빈도와 강우강도는 비탈면 붕괴의 주요 요인 중 하나이다. 강우 침투가 비탈면 내 간극수압을 증가시키며 흙의 전단 강도를 약화시키는 메커니즘을 규명하기 위해 강우량과 지하수위 변동량 그리고 비탈면의 변위 변화와의 관계를 분석한다.

□ **외부 요인**: 지진 활동, 인근 공사로 인한 진동, 하부 지반 침식, 인위적인 절토와 성토 등 비탈면 안정성에 영향을 미칠 수 있는 외부 요인을 충분히 고려하여야 한다.

산사태 현장(2024, 강원특별자치도 청일면)
출처: 강원특별자치도 소방본부 일일소방활동

■ **붕괴 메커니즘 규명**

비탈면 붕괴 후 현장 조사는 사고의 원인을 명확히 하는 데 핵심적인 단계이다.

□ **파괴면(failure surface)의 형태와 위치**: 붕괴 현장에서 파괴면의 기하학적 형태(원호, 평면, 쐐기 등)와 파괴 깊이 그리고 파괴 연속성 등을 정밀하게 조사한 결과를 바탕으로 붕괴 구간의 위치와 규모를 파악하고 파괴 유발 인자와 응력 상태를 추정하는 데 중요하다.

□ **붕괴 물질의 거동 특성**: 붕괴된 토사나 암석의 물리적 특성 변화(예: 함수비 증가, 강도 감소), 내부 구조, 그리고 유동 특성 등을 분석하여 붕괴 과정에서의 물질 거동을 이해한다.

- **주변 환경의 변화**: 붕괴 전후의 지형 변화, 균열 발생 여부, 주변 구조물의 손상 등을 면밀히 관찰하고 드론 촬영, 3D 스캐닝 등 첨단 기술을 활용하여 현장 상황을 정량적으로 기록한다.
- **수치 해석 및 모델링**: 현장 조사 결과와 지반 특성 데이터를 바탕으로 유한요소법(Finite Element Analysis)이나 한계 평형 해석(Limit Equilibrium Analysis)을 통해 붕괴 당시의 응력과 변형률 상태를 재현하고 파괴, 붕괴 메커니즘의 타당성을 검증한다.

이러한 지반 사고를 설명하기 위해서는 추상적인 지반의 특성을 정량화하여 수치화하고 통계적으로 유의미한 결과를 제시하는 것이 매우 중요하다. 예를 들어, 토질 시험 결과가 통계적 분석을 통해 분산이 크거나 샘플링 위치가 적절하지 않았을 경우에 사고 관계자는 데이터의 신뢰성에 대해 의문과 이의를 제기할 수 있으며 포렌식 결과에 치명적인 영향을 미칠 수 있기 때문이다.

따라서 지반 조사 시에는 다음 사항을 충분히 고려하여 체계적인 샘플링 계획을 수립해야 한다:

■ **대표성 확보**
비탈면 전체의 지반 특성을 대표할 수 있도록 다양한 지층과 지질학적 구조를 고려하여 샘플링 위치를 선정해야 한다.

■ **충분한 샘플 수량**
통계적으로 유의미한 결과를 도출할 수 있도록 충분한 개수의 샘플을 채취해야 하며 각 샘플은 독립적이고 객관적인 데이터로 활용될 수 있도록 보존, 관리되어야 한다.

■ 샘플링 방법
샘플 시료의 교란이 최소화되는 방식으로 채취하고, 운반과 보관 및 시험 과정에서도 샘플의 상태가 잘 유지되도록 철저해야 한다.

■ 시험의 신뢰성
채취된 샘플에 대한 실내 및 현장 시험은 공인된 절차와 기준에 따라 수행되어야 하며 시험 장비의 교정 상태 및 시험자의 숙련도 또한 결과의 신뢰성에 영향을 미치게 된다.

■ 투명성 및 재현성
모든 조사 및 시험 과정은 상세하게 기록되어야 하며 데이터는 언제든지 검토와 재현될 수 있도록 투명하게 관리되어야 한다. 이는 분쟁 발생 시 핵심적인 증거 자료로서의 가치를 높이기 때문이다.

결론적으로, 비탈면 안정성 검토 및 붕괴 사고의 포렌식은 고도의 전문 지식과 체계적인 접근 방식이 요구되는 분야이다. 정확하고 신뢰할 수 있는 데이터를 바탕으로 붕괴의 원인과 메커니즘을 명확히 규명함으로써 장래의 유사 사고를 예방하고 공공의 안전을 확보하는 데 기여하기 때문이다.

제3부

법률적 대응과 실무

제1장 증언과 보고서 작성

이 장에서는 포렌식 엔지니어링의 정점이자 가장 중요한 단계 중 하나인 공공기관의 증언과 보고서 작성에 대해 다룬다. 아무리 정교하고 철저한 과학적 조사를 수행했더라도, 그 결과를 법률 전문가인 변호사와 검사 및 판사는 물론이고 비전문가인 배심원단까지 명확하고 설득력 있게 전달하지 못하면 그 조사의 가치와 의미는 조명될 일이 없다. 따라서 법의공학자의 의견은 단순한 추측이나 가설이 아닌 충분히 신뢰할 수 있는 사실과 데이터를 기반하여야 하며, 과학적으로 입증된 원칙과 방법에 따라 도출된 결과물이어야 한다. 이는 증거로서 의 효력을 갖추기 위한 필수적인 전제 조건이 된다.

1.1 전문가 증언과 증거의 신뢰성

법정이나 공적 기관에서 포렌식 엔지니어의 핵심적인 역할은 특정 사고 또는 사건의 원인에 대한 자신의 전문적인 의견을 과학적이고 객관적인 근거에 기반하여 증언하는 것이다. 이를 전문가 증언(expert witness)이라 한다.

이러한 전문가 증언이 법정에서 허용될 수 있는지, 즉 '허용 가능성 (admissibility)'을 판단하는 데 있어 미국에서는 두 가지 중요한 법적 기준을 적용하는데 미국 연방 증거 규칙(US Federal Rule of

Evidence) 제702조(2023) 및 상기 규칙을 상세하게 해석하고 적용하는 기준이 된 Daubert Rule(1993)이다.

구분	Frye 기준(1923)	Daubert 판례(1993)	연방 증거 규칙 702조 (현행, 2023 개정)
① 핵심 원칙	"일반적 수용성(General Acceptance)" 원칙	과학적 타당성(Scientific Validity) + 법원의 '게이트키핑(Gatekeeping)' 역할 강조	Daubert 기준을 규칙으로 명문화, **신뢰성·관련성 요건 및 법원 판단 기준 강화**
② 허용 요건	해당 분야 전문가 집단에서 일반적으로 받아들여져야 함	① 검증 가능성 ② 동료 검토·출판 여부 ③ 오류율 ④ 표준화·통제 여부 ⑤ 일반적 수용성	① 전문가 자격(지식·기술·경험·훈련·교육) ② **충분한 사실·데이터 기반** ③ **신뢰할 수 있는 원칙·방법론 적용** ④ **사건에 적절히 적용되었는지 법원이 확인**
③ 법원의 역할	제한적 - '일반적 수용성' 여부만 판단	적극적 - **증언의 신뢰성과 관련성**을 사전 심사	적극적 - **"우세한 증거 (preponderance of the evidence)"**, 즉 *more likely than not* 기준으로 증언의 신뢰성과 적용 타당성 판단
④ 2023 개정의 주요 내용	-	-	- 증거 제시자는 **사실·데이터·방법론이 신뢰할 만함을 "우세한 증거" 수준으로 입증**해야 함 - 법원은 **방법론의 적용 과정까지 검토**해야 함 (단순 자격·이론 검증에 그치지 않음) - "충분히 신뢰할 만한 원칙과 방법이 사건에 적절히 적용되었는지"를 명시적 요건으로 규정
⑤ 장점	단순하고 명확함	과학적 엄밀성 강화, 법원의 적극적 통제 가능	법적·과학적 기준 모두 반영, **명문화된 객관적 검증 절차 제공**
⑥ 단점	새로운 과학·기술에 불리, 혁신 억제 우려	법관의 과학 이해도에 따라 편차 가능	절차 복잡, 심사 기간 및 비용 증가 가능
⑦ 적용 범위	연방·주 일부 법원에서 과거 기준으로 사용	1993년 이후 연방 판례 기준으로 확립, 다수 주 법원 채택	연방 법원 전체 적용, 대부분 주(州) 법원도 채택 ※ 단, 일부 주(예: 뉴욕·캘리포니아)는 Frye 기준 유지

미국 연방 증거 규칙 702(1)는 전문가 증언이 법정에서 채택되기 위한 기본적인 요건들을 명시하고 있다. 이 규칙에 따르면 전문가의 증언은 몇 가지 필수적인 조건을 충족해야 한다.

■ **충분한 사실과 데이터에 기반해야 한다**
(based on sufficient facts and data)
이는 전문가의 의견이 막연한 추측이나 개인적인 신념이 아닌, 사건과 관련된 충분하고 신뢰할 수 있는 구체적인 사실과 증거 데이터에 근거한다는 것을 의미한다. 수집된 자료의 양과 질이 전문가의 결론을 뒷받침할 만큼 충분해야 한다.

■ **신뢰할 수 있는 원칙과 방법의 산물이어야 한다**
(product of reliable principles and methods)
전문가가 자신의 의견을 도출하는 데 사용한 분석 방법론과 과학적 원칙이 해당 분야에서 일반적으로 인정되고 신뢰할 수 있는 것이어야 한다. 이는 해당 방법이 과학적인 엄밀성을 갖추고 있으며, 유사한 상황에서 일관된 결과를 도출할 수 있어야 함을 포함한다.

■ **전문가가 해당 사실과 데이터에 원칙과 방법을 신뢰성 있게 적용해야 한다**
(expert has reliably applied the principles and methods to the facts of the case)
아무리 신뢰할 수 있는 원칙과 방법이라도 전문가가 이를 실제 사건의 사실 관계에 오류 없이 정확하고 일관성 있게 적용했는지 여부가 중요하다. 즉, 이론적인 방법론이 현실의 증거로서 반영하여 구현되었는지에 관련한 여부를 평가하는 기준이다.

전통적으로 과학적 증거의 신뢰성을 판단하는 데 있어 통계학(statistics)은 매우 중요한 근거이다. 통계적 유의성(statistical significance)(1)은 실험이나 분석 결과가 우연이 아닌 실제적인 효과임을 입증하는 강력한 도구로 활용되지만 현실적으로 모든 현장 조사가 통계적 유의성을 완벽하게 충족시키는 것은 거의 불가능에 가깝다. 예를 들자면 대형 건축물 붕괴 사고나 특정 산업 재해는 일회성에 그치고 반복되기 어려운 사건이기 때문에 통계적 분석을 위한 충분한 '샘플'을 확보하는 것이 물리적으로 불가능하다. 이렇게 단 한 번의 사건에 대해 엄격한 통계적 유의성만을 요구하는 것은 현실성과는 거리감이 있고 진실 규명을 저해할 수 있다.

이러한 특수한 상황을 고려하여 법원은 추론 통계(inferential statistics)(2)만을 고집하지 않으며, 다음 중 하나 이상을 충족한다면 해당 증거의 신뢰성을 인정하고 허용할 수 있다고 판단했다. 이는 Daubert 판결(3)에서 제시된 비배타적 요소들로서, 과학적 증거의 신뢰성을 판단하는 유연한 기준을 제공한다.

■ **관련 분야에서 범용적으로 인정되나?**
해당 전문가 증언에 사용된 방법론이 해당 과학 또는 공학 분야의 전문가 집단 내에서 일반적으로 받아들여지고 광범위하게 사용되는 있는 방법인지 여부이다. 이는 해당 방법이 전문가들 사이에서 검증되고 합의된 신뢰성을 가지고 있다는 간접적인 증거로 작용할 수 있다.

■ **동료 검토(peer-reviewed) 문헌으로 뒷받침되었나?**

해당 방법론이나 결론은 과학 저널 등에 게재되어 다른 전문가들의 면밀한 검토와 비판 과정을 거쳤는지 여부이다. 이 과정은 오류를 줄이고 과학적 타당성을 높이는 중요한 메커니즘으로 작용하기 때문이다.

■ **공인된 표준(standards)에 의해 규정되었나?**

해당 분석 방법이 ASTM(미국 재료 시험 협회), ISO(국제 표준화 기구)와 같은 공신력 있는 기관에서 제정한 표준과 규격에 따라 수행되었는지에 관한 여부이다. 즉 표준화된 절차를 따랐다는 것은 분석의 일관성 및 재현성을 보장하기 때문에 분석 결과의 신뢰도를 향상하는 요소가 될 수 있다.

따라서 실제 법의공학 분야에서 활동하는 포렌식 엔지니어는 자신의 샘플링 및 분석 방법이 통계학에서 요구하는 완벽한 무작위성이나 대규모 샘플링을 따르지 못할지라도 이미 언급한 기준 중 하나 이상을 충족함으로써 법정이나 공공기관에서 자신의 증언 및 증거의 신뢰성을 효과적으로 입증할 수 있는 준비가 필수적이다. 이는 법정 등 전문가 의견은 단순한 개인적 견해가 아닌 과학적이고 공학적 사실에 기반하고 객관적인 근거를 바탕으로 인정받기 위한 필수적인 과정이다.

1.2 증언 준비 및 교차 심문(Cross-examination) 대응

법정에서의 전문가 증언은 조사 결과를 구두로 설명하는 필수적 과정으로서 단순한 정보 전달을 넘어선 설득의 과정을 포함한다. 이 과정에서 상대방의 날카로운 교차 심문은 피할 수 없기 때문에 포렌식 엔지니어는 이에 대해 철저히 준비하고 숙지해야 한다.

■ 전문 용어의 쉬운 풀이와 비유

포렌식 엔지니어링은 고도의 전문성을 요구하는 공학 용어와 다학제 사고의 결과로 구성되기 때문에 법정의 청중이나 비전문가인 배심원, 공학적 지식이 부족한 판사에게는 용어들이 난해하고 이해하기 어려운 장벽이 될 것이다. 따라서 증언 시에는 기술적인 내용을 비전문가도 이해할 수 있도록 비교적 명확하고 간결하게 설명하는 능력은 필수적이다. 포렌식 전문가는 일상생활에서 접할 수 있는 친숙한 비유와 도표나 그래프 및 사진 또는 3D 모델링 등 시각자료 그리고 간단한 시연 등을 적극적으로 활용하여 복잡한 개념이나 원리를 직관적으로 전달할 수 있어야 한다. 예를 들자면 재료 파괴 메커니즘을 설명할 때 일상적인 물건의 파손 사례를 들어 설명하는 과정에 비유하는 등의 방식이 효과적일 수 있다.

■ 조사 방법론의 정당화 및 신뢰성

포렌식 조사에서는 때때로 무작위 샘플링과 같은 이상적인 과학적 방법론을 적용하기 어려운 경우에는 특정 지점에서만 증거를 확보할 수밖에 없는 지시적 샘플링(purposive sampling)을 사용해야 할 경우, 해당 방법론이 특정 사건에 적합했는지에 대한 명확하고 논리적인 설명을 준비해야 한다. 또한 해당 방법론이 관련 과학 및 공학 분야에서 널리 인정받고 신뢰할 수 있는 방법론이라는 것을 입증할 수 있는 근거 자료인 학술 논문이나 표준 절차 및 전문가 의견 등을 제시함으로써 사건의 상대측 관련자가 조사 방법론의 약점에 파고들어 증언의 신뢰성을 훼손하려는 반박 논리에 대응할 수 있다.

■ 제약 조건에 대한 표명

모든 포렌식 조사에는 시간, 예산, 접근성, 증거 보존 상태 등 실제적인 제약이 따르기 마련이므로 제약 조건이 조사 결과에 미친 영향을 합리적으로 인정하고, 그 이유를 객관적이고 투명하게 설명하는 것이 핵심이다. 예를 들어, 특정 분석을 수행할 시간이 부족하거나 또는 예산 제약으로 특정 장비를 사용하지 못했을 경우나 사건 현장 접근이 한정된 경우 등의 제약 조건을 표명하여 설명하여야 한다. 상대측은 이러한 제약을 단순히 포렌식 엔지니어의 능력 부족 또는 편리성 때문인 것처럼 보이게 하려고 반박할 것이다. 따라서 포렌식 엔지니어는 불가피한 사안과 상황을 논리적으로 설명하고 제약된 조건에서도 최선을 다한 사실을 설득력 있게 전달해야 한다.

■ 보고서와 일관된 진술

법정 증언은 사전에 작성된 포렌식 보고서의 내용을 구두로 설명하고 보충하는 과정으로서 모든 증언과 자료에 대한 설명은 보고서에 기술한 의견과 결론이 완벽하게 일치해야 한다. 증언 중에서 보고서의 내용과 상충되거나 명기하지 않은 새로운 사실 또는 결론을 제시하는 것은 신뢰성을 크게 떨어뜨릴 수 있다. 모든 진술은 보고서에 명시된 사실적 근거와 데이터 분석 결과 및 적용된 원칙과 방법을 기반하여 제시하여야 한다. 따라서 보고서의 내용을 사전에 검토하고 예상 질문과 답변을 보고서 내용에 기반하여 준비하는 연습이 선행되어야 한다. 필요하다면 보고서의 특정 부분을 인용하거나 참조하면서 설명하는 것도 좋은 방법이다.

1.3 보고서 작성 요건

보고서는 전문가 증언의 기반이 되는 핵심 문서로서 증거로서의 신뢰성을 확보하는 데 결정적인 역할을 하는 문서이기 때문에 작성 시에는 다양한 요건들을 철저히 준수하여 작성하여야 한다.

■ **명확한 구조**

보고서는 논리적 흐름에 따라 체계적으로 구성되어야 하며 일반적으로 전반적인 내용을 기술한 서론으로부터 작성한다.

- **서론**: 보고서의 배경, 목적, 의뢰 내용 등을 간략하게 서술한다.
- **조사 목적**: 사건의 구체적인 문제와 이에 대해 해결하려 방안에 대해 명확히 서술한다.
- **방법론**: 조사에 사용된 접근 방식과 절차 및 도구, 기술을 상세히 설명하고 사용 장비의 교정 상태와 관련 표준 준수 여부 등을 명시해야 한다.
- **발견 사항**: 조사 과정에서 발견된 객관적인 사실과 데이터를 서술하고 개인적인 의견이나 추측은 배제하며 충분한 사실만을 명확하게 명기한다.
- **분석**: 발견 사항을 기초로 전문가적인 지식과 경험을 기반으로 한 분석 내용과 분석 과정에서 적용된 원리와 법칙 및 이론 등을 명확히 설명해야 한다.
- **결론과 의견**: 분석 결과를 종합하여 조사 목적에 대한 최종적인 결론을 유도하고 이에 대한 전문가적인 의견을 제시하여야 하며 결론은 명확하고 간결하게 작성하여 조사 목적에 부합해야 한다.

■ **근거 제시**

보고서 내의 모든 주장과 의견은 객관적이고 신뢰할 수 있는 사실과 데이터를 기반해야만 한다.

- ☐ **조사 데이터**: 사건 현장에서 수집된 모든 데이터는 그 출처와 수집 방법을 명확히 명시해야 한다.
- ☐ **실험 결과**: 수행된 실험의 절차와 조건 및 결과 데이터를 상세히 기록하고 재현 가능성을 보장하여 투명성을 강조해야 한다.
- ☐ **문헌 검토**: 참고한 학술지와 관련 논문 및 표준과 규정 등 관련 문헌을 명확히 인용하여 주장의 신뢰성을 높일 수 있어야 한다.
- ☐ **시각 자료**: 사진, 도표, 그래프, 동영상 등 시각 자료를 풍부하게 활용하여 복잡한 내용을 직관적으로 전달하여 이해도를 향상하는 데 집중하여야 한다. 이때 인용된 자료에는 출처를 반드시 명시해야 한다.

■ 전문 용어 정의

보고서에 사용된 모든 전문 용어는 법률 전문가나 일반인이 쉽게 이해할 수 있도록 명확하게 정의해야 한다. 필요한 경우, 용어 해설지를 별도로 명기하여 보고서의 접근성을 높이며 오해의 소지를 차단하여야 한다.

■ 한계의 명시

조사의 한계와 제약 사항을 명확하게 밝히는 것은 보고서의 객관성과 신뢰성을 높이는 중요한 요소로서 조사 범위나 데이터 등에 대해 명시하여야 한다.

- ☐ **조사 범위의 제약**: 시간, 예산, 접근성 등의 문제로 인해 모든 구성 요소를 검사하지 못했거나, 특정 영역에만 집중한 이유를 명확히 밝혀야 한다.
- ☐ **데이터의 불완전성**: 수집된 데이터가 불완전하거나 일부 손망실이 발생된 경우에는 결론에 미칠 수 있는 영향에 대한 설명을 포함하여야 한다.
- ☐ **가정의 명시**: 분석 과정에서 특정 가정을 설정해야 했다면 그 내용과 설정한 가정이 결론에 미치는 영향을 명시한다.
- ☐ **신뢰성의 정도**: 조사의 한계로 인해 최종 결론이 전체 구조물이나 사안에

대해 어느 정도의 신뢰성을 갖는지를 구체적으로 기술하여 보고서의 잠재적 오해를 방지하고 합리적인 판단이 가능하게 하는 데 기여해야 한다.

이러한 요건들을 충족하는 보고서는 공공기관에서 전문가 증언의 강력한 기반이 될 것이며 관련자에게는 합리적 판단을 유도하는 데 핵심적 역할이 될 것이다.

1.4 증거 수집 절차와 증거 보존의 연쇄(Chain of Custody) 원칙

법정에서 증거의 효력을 인정받기 위해서는 해당 증거가 수집되는 순간부터 제출되기까지의 모든 과정이 절차와 원칙에 따라 투명하고 공정하게 진행된 사실을 입증할 수 있어야 한다. **증거 보존의 연쇄(Chain of Custody)** 원칙은 신뢰성을 확보하기 위한 핵심적인 원칙이다. 이러한 원칙은 증거의 무결성(integrity)을 의미하는 것으로서 증거가 위조나 변조 또는 오염되지 않았다는 사실을 보장하는 데 그 목적이 있다. 전자적 증거의 특성상 위변조가 용이한 디지털 포렌식의 경우에는 증거 보존의 연쇄 원칙이 더욱 강조된다.

증거 보존의 연쇄 원칙을 철저히 준수하기 위해서는 절차를 명확하게 이행하고 명문화해야 한다.

■ 증거물 식별(Identification)

모든 증거물은 수집하는 당시부터 고유한 식별 번호를 부여하고 부여된 번호는 해당 증거물을 특정하고 관련 기록과 연결되도록 한다. 증거물이

언제(날짜 및 시간), 어디서(정확한 위치), 누구에게(채취자의 이름 또는 식별 정보) 채취되었는지를 상세하게 기록해야 한다. 예를 들어, 디지털 증거의 경우, 하드 드라이브의 일련번호와 해시값(MD5 또는 SHA-256 등) 등을 기록하여 원본과 동일성을 입증할 수 있어야 하며 이러한 식별 정보는 증거의 출처와 정당성을 입증하는 데 필수적이다.

■ 봉인 및 보관(Sealing and Storage)

수집된 증거물은 외부의 변조나 오염을 방지하기 위해 즉시 봉인해야 한다. 봉인 시에는 봉인 테이프, 특수 잠금장치 등을 사용하여 무단 개봉 시 흔적이 남도록 조치하고 접근이 제한되는 안전한 곳으로 선별하여 건조하며 온습도 변화가 적은 전용 장소에 보관해야 한다. 특히, 디지털 증거물의 경우 정전기, 강한 자기장 등 물리적 손상을 유발할 수 있는 환경으로부터 보호, 조치하여야 한다. 모든 보관 과정은 기록으로 남겨야 하며 누가, 언제, 증거물에 접근했는지에 대한 기록도 세밀하게 관리해야 한다.

■ 인수인계 기록(Documentation of Transfer)

증거물이 한 사람의 담당자로부터 다른 담당자에게 전달될 때마다, 인계자와 인수자의 서명과 날짜, 시간 및 인수인계 사유 등을 명확하게 기록해야 한다. 이 기록은 증거물의 이동 경로를 시간 순서대로 추적할 수 있는 중요한 자료가 활용된다. 예를 들어, 현장에서 증거물을 채취한 당사자가 포렌식 분석가에게 증거물을 전달할 때와 분석이 완료된 후 공공기관이나 법원에 제출하기 위해 법률관계자에게 전달하는 모든 과정이 문서로 작성되어야 한다. 이 기록은 증거가 통제하에 있었던 모든 기간을 명확히 보여주며 안전하게 관리되었음을 입증하는 데 중요한 역할을 하기 때문이다.

법원의 공정성과 신뢰성의 상징
출처: 대한민국 법원, 대법원 청사 갤러리

 법정에서는 증거 보존의 작은 허점이라도 발견한다면 증거 보존의 연쇄 원칙을 이유로 증거의 신뢰성을 강력하게 공격할 수 있다. 증거물 인수인계 기록이 누락되거나, 보관 중 봉인이 훼손된 정황이 발견될 경우 증거물 조작을 의심하고 증거 능력을 부정할 수 있다. 따라서 증거물 관리자나 포렌식 전문가는 증거 보존의 연쇄 원칙을 철저히 숙지하고, 모든 과정을 엄격하게 준수하여야 하며 관련된 모든 내용은 상세하게 문서화하여 증거의 유효성을 확보한 절차를 준수한 사실을 투명하게 하는 중요한 원칙이라 할 수 있다.

제2장 포렌식 엔지니어의 자격과 윤리

 포렌식 엔지니어는 단순한 공학 전문가를 넘어선다. 이들은 복잡한 공학적 문제를 해결하는 동시에, 법적 책임과 고도의 윤리의식을 바탕으로 진실을 규명하는 역할을 수행한다. 본 장에서는 포렌식 엔지니어가 갖춰야 할 필수적인 자격 요건과 그들의 직무를 수행하는 데 있어 가장 중요하게 여겨지는 윤리적 책임에 대해 심도 있게 논의한다. 이 논의를 통해 포렌식 엔지니어의 전문성과 사회적 기여를 이해하고, 해당 분야에 종사하고자 하는 이들에게 필요한 지침을 제공하고자 한다.

2.1 포렌식 엔지니어의 자격 및 교육 요건

 포렌식 엔지니어는 일반적인 공학적 지식을 넘어, 법률 시스템 전반에 대한 깊은 이해와 실제 사고 현장에서 적용할 수 있는 실무 능력을 갖춰야 한다. 이는 공학적 원리를 바탕으로 사고 원인을 분석하고, 그 결과를 명확하게 설명할 수 있어야 하므로 학술적 지식과 실무 경험 및 법률적 소양을 균형 있게 겸비하는 것이 매우 중요하다.

■ 기술사 자격
 우리나라는 해당 공학 분야의 기술사 자격이 포렌식 엔지니어로서의 공신력을 확보하는 데 중요한 요소로 작용할 것이다. 토목, 건축, 기계, 전기, 안전 등 다양한 분야의 기술사들은 산사태, 지반 침하, 교량 붕괴, 건물 균열, 기계 오작동, 전기 화재, 산업 재해 등 광범위한 사고 유형에 대한 포렌식 엔지니어링 실무에 참여할 수 있다. 기술사 자격은 특정 공학 분야에서 깊이 있는 전문 지식과 실무 경험을 공식적으로 인정받는 수단으로서 전문가 증언 시 신뢰도를 향상하는 데 핵심적인 자격 요건이다.

■ **전문 교육**

포렌식 엔지니어링은 일반적인 공학 교육 과정에서 다루지 않는 법률적 증거 수집과 보존 방법 및 법의학적 분석 기법, 전문가 증언과 교차 심문 기법, 윤리 강령, 분쟁 해결 및 조정 기술 등 특수 분야를 포함한다. 따라서 관련 학회나 협회(예: 한국건설포렌식협회), 대학교 부설 연구소, 또는 전문 교육 기관에서 제공하는 포렌식 엔지니어링 관련 전문 교육 프로그램을 이수하는 것이 필요하다. 이러한 관련 기관은 포렌식 엔지니어가 공학적 지식을 법률 시스템에 효과적으로 접목하고 복잡한 사건을 체계적으로 분석하며 객관적이고 신뢰성 있는 보고서를 작성하는 데 필요한 역량을 길러준다. 그러나 우리나라의 포렌식 현주소는 전문 교육기관 부재 및 교육 과정이 거의 전무한 실정으로 제도개선과 정책 지원이 절실한 상황이다.

■ **경험**

법의공학은 본질적으로 '조사, 분석, 판단, 평가'의 특성이 있다. 다양한 사고 사례를 직접 경험하고 분석한 실무 경험은 필수적이라고 할 수 있다. 이는 이론적 지식만으로는 얻기 어려운 실제 현장의 복잡성과 다양성을 이해하고 예측 불가능한 상황에 유연하게 대처하는 능력을 길러준다. 예를 들어, 건설 현장에서의 구조물 붕괴 사고, 제조 공정에서의 설비 결함,

운송 수단의 사고와 산업 재해 등 여러 유형의 사고 현장을 직접 방문하여 증거를 수집하고, 분석하며 최종 보고서 작성에 이르기까지의 전 과정을 경험하는 것은 포렌식 엔지니어의 문제 해결 능력과 통찰력을 향상시키는 역할을 한다. 이러한 경험은 단순한 지식을 넘어서 분쟁에서 전문가적 판단의 근거가 될 수 있는 소중한 근거가 된다.

	누적	~2019년	2020년	2021년	2022년	2023년	2024년
전체	19,741,312	16,751,509	540,910	640,317	588,868	616,252	603,456
기술사	61,064	53,085	1,882	1,706	1,484	1,349	1,558
기능장	90,055	58,991	5,431	5,945	5,465	7,463	6,760
기사	2,643,640	2,016,934	98,402	119,326	118,036	139,158	151,784
산업기사	2,321,050	2,037,335	52,873	59,993	54,629	60,215	56,005
서비스	239,346	152,089	17,447	20,862	15,208	16,127	17,613
기능사	14,386,157	12,433,075	364,875	432,485	394,046	391,940	369,736

기술 등급별 전문기관 기술인력 보유현황, 한국산업인력공단(2024)

2.2 객관성과 중립성 유지

포렌식 엔지니어는 특정 의뢰인(retaining client-attorney)의 법적 이익을 대변하는 것처럼 보일 수 있다. 그러나 포렌식 엔지니어의 진정한 역할은 고용주의 이익을 옹호하는 것이 아니라 사건의 '진실'을 과학적이고 객관적인 방법으로 밝히는 전문성과 윤리성의 핵심 인식인 소명 의식을 겸비하여야 한다.

■ **중립성**

법정이나 공공기관에서 증언할 때, 포렌식 엔지니어가 자신을 고용한 의뢰인에게 유리한 방향으로 유도하는 시도는 용납될 수 없다. 조사의 결과가 가리키는 방향에는 개인적 감정이나 외부의 압력 없이 중립적이고 사실적으로 설명해야 한다. 이는 복잡한 기술적 내용을 비전문가인 판사나 일반인이 이해하기 쉽도록 전달하는 능력과 어떠한 상황에서도 과학적 진실성을 훼손하지 않는 윤리적 태도와 자세를 요구하기 때문에 조사 결과의 중립성은 포렌식 증언의 신뢰성을 보장하는 가장 중요한 덕목이며 자세이다.

법원의 공정성과 신뢰성의 상징
출처: pngtree.com

■ **객관성**

포렌식 엔지니어는 어떠한 선입견이나 편향된 시각을 배제하고 가능한 한 모든 가설과 잠재적인 증거들을 열린 마음으로 탐구하고 분석해야 한다. 조사 과정에서 특정 결론에 도달하려는 의도적인 시도는 객관성에 위배되는 행위이다. 모든 증거는 철저히 검증되어야 하며, 과학적으로 입증 가능한 사실만을 기반하여 의견을 제시해야 한다. 이는 증거 수집과 분석 방법론 선택 및 결과와 해석의 모든 단계에 걸쳐 일관되게 유지되어야 하는 중요한 원칙이다.

이론적으로는 모든 분야의 전문가가 객관성과 중립성을 유지해야 한다고 강조되지만, 실제 업무 환경에서는 의뢰인의 직접적인 기대나 요구에 직면하게 되는 경우가 생기게 마련이다. 이때 포렌식 엔지니어는 자신의 전문적 윤리 원칙을 최우선 가치로 삼아야 하고 과학적으로 입증되지 않았거나, 타의에 의한 해석이 개입한 결론을 단호하게 거부할 수 있는 용기와 소신이 필요하다. 이는 단순히 개인의 윤리 문제로 한정적이지 않으며 포렌식 공학 분야 전체의 신뢰성과 권위를 지키는 데 필수적인 자세이다. 전문가로서의 명성과 책임감을 지키기 위해서는 결연한 의지와 중립적 태도를 겸비하고 진실만을 추구하는 궁극적인 소명을 지켜야 한다.

2.3 국내외 협회와 학술 활동

포렌식 엔지니어링 전문가로서 끊임없이 변화하는 기술 환경에 적응하고, 최고의 역량을 유지하며, 윤리적 기준을 준수하기 위해서는 지속적인 학술 활동과 국내외 전문가들과의 활발한 교류가 필수적이다. 이러한 활동은 개인의 전문성 강화뿐만 아니라, 포렌식 엔지니어링 분야 전체의 신뢰성과 발전에 크게 기여한다. 현재 국내의 포렌식은 정부 주도의 사고조사위원회와 디지털 범죄와 관련한 포렌식 협회가 있으나 건설사고와 관련한 전문가 집단은 (사)한국건설포렌식협회가 있다.

■ **학회 참여 및 연구 동향**
- **국내 학회**: 한국과학기술한림원(KAST), 한국공학한림원(NAEK) 등 다양한 학회에 참여하여 포렌식 엔지니어링과 관련한 연구 동향과 과학 기술 발전을 면밀히 파악해야 한다. 학회에서 발표되는 논문, 워크숍, 세미나 등은 새로운 분석 기법, 재료 과학의 발전, 그리고 다양한 분야에서 발생하는 실패 사례와 그 원인 분석에 대한 깊이 있는 이해를 돕는다
- **국외 학회**: 국제법과학협회(International Association of Forensic Sciences, IAFS) 미국법과학아카데미(American Academy of Forensic Sciences, AAFS), 유럽법과학연구소 네트워크(European Network of Forensic Science Institutes, ENFSI)와 같은 국제 학회에 참여하는 것은 전 세계적인 포렌식 엔지니어링 트렌드를 이해하고, 국제적인 협력 관계를 구축하는 데 매우 중요하다.

국제 학회에서는 각국의 독특한 사고 조사 방법론과 법적 절차 및 최첨단 분석 장비와 소프트웨어에 대한 정보 교환이 활발하게 이루어지기 때문에 동료 전문가들과의 논의와 토론을 통해 자신의 지식을 확장하고 다양한

관점에서 문제를 바라보는 시야를 확장할 수 있다.

□ **정기 학술지 구독**: 주요 학술지로는 국제적으로 널리 알려진 Forensic Science International(FSI), 공학적 구조물과 재료의 고장, 파괴 원인 분석 전문 Engineering Failure Analysis(EFA), 미국법과학아카데미(Journal of Forensic Sciences, JFS)를 정기적으로 구독하고 발표되는 연구 논문을 분석하는 것은 최신 연구 성과를 습득하고 자신의 전문 분야를 심화하는 데 매우 유용하다.

■ 표준 개발 기여

□ **국제 표준 제정 기관 참여**: ASTM International(American Society for Testing and Materials), ASCE(American Society of Civil Engineers)와 같은 국제적인 표준 제정 기관에 적극적으로 참여하여 새로운 기술과 방법론에 대한 표준을 개발하는 데 기여할 수 있다. 이는 포렌식 엔지니어링 분야의 신뢰성과 객관성을 높이는 데 결정적인 역할을 한다. 표준 개발 과정에 참여함으로써 특정 분야의 전문성을 인정받고 국제적인 공신력을 확보할 수 있으나 국제기관으로서 국내의 참여도가 저조할 수 있는 한계가 있다.

□ **국내 표준화 활동**: 한국표준협회(KSA), 국가건설기준(KDS)과 같은 국내 표준화 기관과 기구의 활동에 참여하여 국내 상황에 맞는 포렌식 엔지니어링 관련 표준 및 지침을 개발하는 데 기여해야 한다. 이는 국내 포렌식 엔지니어링 분야의 발전을 촉진하고, 관련 산업의 품질 및 안전 수준을 향상시키는 데 기여한다.

□ **사례 공유와 확산**: 표준 제정 과정에서 얻은 지식과 경험을 바탕으로 포렌식 엔지니어링 분야의 모범 사례(Best Practice)를 정립하고 이를 널리 공유하는 것은 전문가 집단의 역량을 상향으로 평준화하고 잘못된 관행을 개선하는 데 기여할 수 있다.

이러한 학술 활동과 교류는 단순히 개인의 전문성 향상에 그치지 않고 포렌식 엔지니어링 분야가 사회적으로 더욱 인정받고 신뢰받는 전문 분야로 성장하는 데 중요한 초석이 될 수 있다. 이는 끊임없는 학습과 기여를 통해 포렌식 엔지니어는 사회 안전에 기여하며 공익을 우선하는 중요한 역할로 기여할 수 있다.

제3장 사고 대응 실무 가이드

이 장에서는 실제 사고 현장에서 포렌식 엔지니어가 직면할 수 있는 다양한 상황에 대비하여 신속하고 체계적인 초기 대응부터 심층적인 조사와 계획 수립에 이르는 구체적 단계 및 실행 방안을 서술한다. 사고 발생 직후의 초기 대응은 성공적인 조사와 문제 해결의 성패를 좌우하는 가장 중요한 요소로서 매뉴얼 정비는 포렌식 엔지니어가 현장에서 혼란 없이 역할을 수행하고, 중요한 증거를 효과적으로 확보하며 궁극적으로 사고의 원인을 정확히 규명하는 데 필수적인 지침이 될 것이다.

3.1 초기 대응과 정보 수집

사고 발생 직후의 현장은 극도로 혼란스럽고 예측 불가능한 위험 요소와 상존할 것이다. 포렌식 엔지니어는 현장에 도착하는 즉시 잠재적인 위험으로부터 자신과 타인을 보호하며 동시에 증거 보존의 기반을 마련하는 데 중점을 둔다.

- **초기 대응**
    - **현장 안전 확보**: 최우선적으로 현장의 안전 상태를 확인해야 한다. 추가적인 붕괴나 폭발 및 유해 물질 누출과 전기적 위험 등 모든 잠재적 위험 요소를 파악하고 즉각적인 조치를 취해야 하기 때문이다. 필요하다고 인지

한다면 주저하지 말고 소방서, 경찰, 의료진 등 관련 기관에 협력을 요청하여 현장 통제와 안전 조치를 강화를 요청하여야 한다. 현장 주변에 출입 통제 라인을 설치하여 접근을 막고, 잔해물이나 위험 물질이 더 이상 확산되지 않도록 통제해야 하며 엔지니어 자신도 안전 장비(안전모, 안전화, 장갑, 보호복 등)를 착용하여 불의의 사고에 대비해야 한다.

☐ **1차 점검과 증거, 기록**: 현장 전체를 폭넓은 관찰을 하며 사고의 전반적인 규모와 주요 손상 부위를 파악하는 1차 육안 점검을 실시한다. 이 단계는 파괴 전후의 물리적 데이터(예: 구조물의 변형, 파손 패턴, 잔해물의 분포, 화재 흔적 등)가 시간이 지날수록 변형되거나 훼손 가능성이 진전되므로 정확한 기록이 매우 중요하다. 고해상도 사진 촬영(다양한 각도와 거리에서), 비디오 녹화, 그리고 스케치 등을 통해 현장의 원본 상태를 충실히 보존하는 것도 필요하며 '사고 현장 전후 관계'를 명확히 보여줄 수 있는 증거를 상세하게 기록하는 것이다. 예를 들어, 파손된 부품의 위치와 균열 진행 방향 및 특정 물질의 잔여물 등을 포함하여 기록해야 하며 모든 기록에는 시간과 날짜, 그리고 기록자의 정보가 분명하게 명시되어야 한다.

■ **정보 수집과 진술 확보**

시설 관리자나 작업 책임자 등의 현장 관계자와 사고 목격자 및 인근 주민들로부터 당시의 상황에 대한 구두 진술을 시간 경과 후 기억이 소실될 가능성이 있기 때문에 신속하게 확보하는 것이 매우 중요하다. 이들의 진술은 사고 발생 시점과 초기 상황 및 특이 사항 등에 대한 중요한 단서를 제공할 수 있으며 목격 사실을 경청할 때는 개방형 질문을 통해 최대한 다량의 정보를 자세하게 취득하고 진술 내용의 왜곡을 방지하기 위해 핵심적인 내용은 메모하거나 녹음하는 것을 포함한다. 단, 목격자 진술은 주관적일 수 있으므로 객관적인 물리적 증거와 교차 검증 과정은 반드시 필요하다.

3.2 조사 계획 수립 및 실행

초기 현장 대응과 정보 수집이 완료되면 축적된 데이터를 바탕으로 조사의 목표를 명확히 하고 목적 달성을 위한 구체적이고 체계적인 실행 계획을 반드시 수립해야 한다. 이 단계는 조사의 효율성과 정확성을 극대화하는 데 필수적인 과정이다.

1. **조사 목표 식별**: 조사의 궁극적인 목적이 무엇인지, "무엇을 밝혀내야 하는가?"라는 질문에 대한 명확한 답변을 구체적으로 정한다. 예를 들어, 단순히 "사고 원인 파악"이 아니라, "결함의 원인과 손상 범위를 명확히 파악하여 향후 유사 사고를 방지하기 위한 개선 방안을 도출하고, 필요한 수리 계획을 수립한다"와 같이 측정 가능한 목표를 설정해야 하고 설정한 목표가 명확해야만 조사 과정에서 불필요한 자원과 비용 낭비를 줄이고 핵심적인 증거에 집중할 수 있다.
2. **가설 수립**: 초기 육안 검사 결과, 목격자 진술, 그리고 현장에서 수집된 예비 정보를 바탕으로 사고 원인에 대한 잠정적인 가설(hypotheses)을 하나 이상으로 설정한다. 예를 들어 구조물의 피로 파괴나 재료 결함 및 부적절한 설계, 외부 충격이나 관리 운영자의 실수 등 다양한 가능성을 열어두고 가설을 세워야 한다. 이러한 가설은 향후 조사의 방향을 제시하며 어떤 증거를 수집하고 어떤 시험을 수행해야 하는지를 결정하는 중요한 기준이 된다.
3. **조사 범위(scope) 설정**: 설정된 가설을 검증하고 조사의 목표를 달성하는 데 필요한 검사와 테스트 및 샘플링 등의 범위를 명확히 결정했다면 어떤 장비나 부품을 수거할 것인지, 어떤 종류의 비파괴, 파괴 검사를 수행할 것인지, 어떤 재료 분석과 시험을 진행할 것인지 등을 포함하여

야 한다. 막연하게 설정한 과하게 넓은 범위나 축소된 범위는 조사의 효율성을 떨어뜨릴 수 있으므로 가설과 목표에 기반하여 합리적인 범위를 설정하는 것이 중요하다.

4. **자원 배분과 일정:** 조사를 효과적으로 수행하기 위해 가용 가능한 시간, 예산, 인력, 장비 등의 제약을 고려하여 구체적인 조사 계획을 수립한다. 각 단계별 책임자를 지정하고 예상 소요 시간을 명시하며 필요한 장비와 예산을 명확히 산정한다. 외부 전문가인 재료 공학자, 구조 역학자, 법률 전문가 등과 융합할 경우에는 언제, 어떻게 활용할 것인지도 계획에 포함시켜야 한다. 현실적인 일정과 예산은 조사의 성공적인 완료에 영향을 미친다.

5. **체크리스트 활용 및 문서화:** 현장 조사 및 이후의 모든 조사 과정에서는 사전에 준비된 상세한 점검 및 조사와 시험 대상과 파괴, 붕괴 상태와 인근 현황 등 상세한 조사를 위한 체크리스트를 활용하여 누락되는 정보나 절차가 없도록 한다. 현장 체크리스트는 현장 도착 전 준비물과 현장 안전 확인 및 증거 수집 절차와 사진 및 비디오 촬영 가이드라인, 샘플 채취 방법, 인터뷰 질문 목록 등 조사 단계별로 세분화하여 작성하여여 한다. 모든 증거와 데이터 및 진술과 분석 결과와 변경이력 등은 체계적으로 문서화하여야 하며 명확한 기록이 요구된다. 이렇게 상세하게 작성된 기록은 최종 보고서 작성의 기초가 되며 분쟁 발생 시 중요한 증거 자료로 활용될 수 있기 때문이다.

제4장 포렌식 분야의 분야 및 기술 적용

해외의 포렌식 엔지니어링은 건축 및 토목 분야에 한정되지 않고 다양한 산업 재해와 화재와 폭발 사고 조사에 필수적인 학문으로 자리매김하고 있으나 국내 실정은 정부 주도의 사고조사위원회에 제한되는 안타까운 현실이다. 이 장에서는 포렌식 엔지니어링이 건설사고 이외에도 화재 사고와 산업 안전 사고의 원인을 규명하고 재발 방지 대책을 수립하는 데 어떤 방식으로 기여하는지 구체적인 조사 기법을 통해 기술한다.

4.1 화재 사고 및 확산 분석

화재 사고는 단일 요인이 아닌, 구조물의 재료적 특성, 건축 구조, 그리고 환경적 요인(기상 조건, 주변 가연물 등)이 복합적으로 작용하여 발생한다. 포렌식 엔지니어는 과학적이고 체계적인 접근 방식을 통해 화재 사고를 다각도로 조사하며 그 과정은 다음과 같다.

- ■ **발화 지점(Point of Origin) 규명**
화재 조사의 첫 단계이자 가장 중요한 과정은 발화 지점을 정확히 추정하는 것이다. 이를 위해 포렌식 엔지니어는 현장에 남아있는 잔해물(연소 패턴, 그을음 분포, 녹아내린 금속 등)을 면밀히 분석하고, 목격자들의 진술을 심층적으로 청취하며, 소방 당국의 초기 조사 보고서를 검토한다. 또한, 발화 가능성이 있는 전기 설비, 가스 기기, 화학 물질 등의 흔적을 찾아내고 발화원과의 연관성을 분석하여 열역학적 원리와 화재 거동 시뮬레이션을 통해 발화 지점의 신뢰도를 높일 수 있다.

■ **확산 경로 분석**

발화 지점이 확인되면 화재가 어떻게 전파되었는지 그 경로를 추적한다. 이는 화재의 탄화흔적(char pattern)과 재료의 연소 특성(인화점, 발화점, 연소 속도 등)을 분석하여 이루어진다. 예를 들어, 목재의 탄화 깊이, 페인트의 변색 정도, 금속의 변형 등을 통해 열에너지가 전달된 방향과 속도를 유추할 수 있다. 특히, 건물 내부의 방화벽, 방화문, 방화 셔터와 같은 방화 시스템이 화재 확산을 효과적으로 차단했는지, 아니면 설계 또는 시공상의 결함에 의해 본연의 기능을 하지 못했는지를 밝혀내는 데 결정적인 역할을 하며 환기 시스템, 덕트 등을 통한 연기 및 열 확산 경로도 함께 분석하여 종합적인 확산 경로를 재구성하여 사실을 규명한다.

■ **구조적 손상 평가**

화재로 인한 고열은 구조물의 강도와 안정성에 치명적인 영향을 미친다. 특히 철골 구조물은 고열에 노출될 경우 항복강도가 급격히 저하되어 좌굴이나 변형이 발생할 수 있다. 포렌식 엔지니어는 화재 후 잔존하는 구조물에 대한 비파괴 검사(초음파 탐상, 자기 탐상 등) 및 재료 시험(인장 시험, 경도 시험 등)을 수행하여 열에 의한 손상 정도를 정량적으로 평가한다. 이를 통해 건물 전체의 붕괴 위험성을 진단하고, 재건축 또는 보강이 필요한지 여부를 판단하는 데 필요한 기술적 근거를 제시하고 폭렬 현상이나 균열 발생 여부를 중점적으로 조사하여 평가한다.

농자재 보관창고 화재 현장(2025, 강릉 구정면)
출처: 강원특별자치도 소방본부 일일소방활동

4.2 산업 안전 사고의 원인 규명

산업 현장에서 발생하는 추락, 협착, 폭발 등의 사고는 인적, 물적 손실을 야기하며 기업의 생산성 저하와 사회적 비용을 증가하게 한다. 이러한 사고 대부분은 안타깝게도 예방이 가능하다는 사실을 포함한다. 포렌식 엔지니어는 사고의 근본적인 원인을 공학적, 과학적으로 규명하여 유사 사고의 재발을 방지하고, 더 나아가 안전한 작업 환경을 구축하는 데 결정적인 기여를 한다. 이는 기업의 사회적 책임 이행과 직결되며, 궁극적으로는 생명을 보호하고 재산 손실을 최소화하는 데 중요한 역할을 수행한다.

■ **사고 재구성(Accident Reconstruction)**

사고 재구성은 사고 발생 직전, 발생 중, 발생 직후의 상황을 다각도로 분석하여 당시의 정확한 시나리오를 파악하는 과정으로 포렌식 엔지니어는 다양한 데이터를 수집하고 분석한다.

- □ **사고 사진과 영상**: 사고 현장의 초기 상태, 파손 정도, 잔해물의 분포 등을 통해 사고의 강도와 방향을 추정한다. 드론 촬영 등을 활용하여 넓은 시야에서 전체적인 상황을 파악할 수 있다.
- □ **블랙박스와 CCTV 영상**: 작업 차량의 블랙박스, 공장 내 CCTV 등에서 확보된 영상은 사고 발생 순간의 결정적인 증거를 제공한다. 영상 속 시간, 움직임, 주변 환경 변화 등을 정밀하게 분석하여 사고 경위를 시간별로 재구성한다.
- □ **기계의 작동 자료 분석**: 자동화된 장비나 설비에는 운전 기록과 오류 로그 및 센서 데이터 등이 자동 기록되는 경우가 많다. 이 데이터를 분석하여 사고 발생 시 기계의 상태, 작동 모드, 이상 신호 등을 파악하고 이는 기계 결함이나 조작 미숙 여부를 판단하는 중요한 근거가 된다.
- □ **증언 및 진술**: 사고 관련자(작업자, 목격자, 관리자 등)의 증언을 청취, 녹음하고 이들의 진술을 앞서 분석한 객관적 데이터와 교차 검증하여 사고 재구성의 신뢰도를 높일 수 있다.

■ **기계, 장비 결함**

사고의 직접적인 원인이 된 기계나 장비에 대한 정밀 조사를 통해 구조적, 기능적 결함 여부를 분석한다.

- □ **설계 결함**: 기계가 당초부터 안전성을 고려하지 않고 설계되었는지 여부를 평가한다. 예를 들어, 특정 부품의 강도가 예상 하중을 견디지 못하도록 설계되었거나, 비상 정지 장치의 위치와 접근성 미고려 등의 경우에 설

계 기준과 관련 법규 및 유사 장비의 설계 사례 등과 비교하여 분석한다.

- □ **제조 결함**: 당초 설계문서로 미제작 되었거나 제조 과정에서 사용된 재료의 불량, 부품의 조립 불량 등으로 기계적 안정성에 문제가 발생했는지 조사한다. 초음파 검사, 자분 탐상 검사 등 비파괴 검사 및 인장 시험, 경도 시험 등의 재료 시험 등을 통해 미세한 균열이나 재료 물성치의 변화를 확인한다.
- □ **정비 불량**: 기계나 장비가 적절한 주기로 점검 및 유지보수 되지 않았거나, 부품 교체 시 부적절한 부품을 사용했는지 여부를 파악한다. 정비 기록, 부품 교체 이력 등을 검토하고 현장 조사 시 윤활 상태, 볼트의 조임 상태 등을 육안 및 장비를 통해 확인한다.
- □ **오용 또는 부적절한 사용**: 기계나 장비가 원래의 용도와 다르게 사용되었거나, 작업자 교육의 문제점과 안전 의식 및 수칙 미준수에 의한 부적절한 조작 여부 등을 파악하고 확인하여야 한다.

■ **안전 시스템 평가**

산업 현장에 구축된 안전 시스템이 사고 예방에 효과적이었는지 또는 시스템 자체에 미비점이 있었는지 다각도로 평가한다.

- □ **안전장치 여부**: 비상 정지 버튼, 안전 센서, 특정 조건이 충족되지 않을 경우 작동을 방지하는 인터록 장치 등이 정상 작동했는지, 또는 고의적으로 무력화되었는지 조사하고 장치의 설치 위치와 관리 상태 및 작동 이력 등을 면밀히 검토하여야 한다.
- □ **보호 시스템의 적절성**: 작업자 보호를 위한 방호 울타리, 안전망, 개인 보호 장비(PPE) 등이 적합하게 설치 및 제공되었는지 평가한다. 예를 들어, 낙하물 위험이 있는 구역에 안전모 착용이 의무화되지 않았거나, 유해 물질 취급 구역에 적절한 환기 시설이 없었던 경우 등이 해당된다.

- **안전 규정과 절차 준수**: 기업 내에 수립된 안전 매뉴얼과 표준 작업 절차 및 위험성 평가 결과 등이 현장에서 실제로 준수되었는지 여부를 확인하고 안전 교육의 실시 및 이수 여부와 위험 요소에 대한 작업자의 안전수칙의 인지 수준 등도 평가 대상이 된다.
- **시스템 통합 및 관리**: 다양한 안전 시스템이 유기적으로 연동되지 않거나 안전 시스템 전반에 대한 관리가 체계적으로 이루어지지 않아 사고 위험이 증가했는지 분석한다. 예를 들어, 기계의 오작동 경보 시스템이 안전 관리자에게 제대로 전달되지 않는 경우 등이 있다.

이러한 포괄적인 분석을 통해 포렌식 엔지니어는 사고의 직접적인 원인뿐만 아니라 사고를 유발하거나 악화시킨 직간접적인 요인과 관리적 문제점까지도 규명한다. 최종적으로 도출된 원인 분석 결과를 바탕으로 재발 방지를 위한 구체적이고 실현 가능한 대책을 제시하여 법적 책임 관계를 명확히 하며 향후 안전 정책 수립의 기초 자료로 활용하도록 한다.

4.3 첨단 기술의 적용

첨단 기술은 포렌식 엔지니어링 분야의 조사 효율성과 정확성을 혁신적으로 향상시키며, 과거에는 불가능했던 수준의 정밀한 분석과 예측을 가능하게 하고 있다. 이러한 기술의 발전은 포렌식 엔지니어가 더욱 복잡하고 광범위한 사고에 효과적으로 대응하고, 더 나아가 사고 발생 전 잠재적 위험을 식별하여 예방하는 데까지 기여하고 있다.

■ 드론

드론은 인간의 접근이 어렵거나 위험한 사고 현장을 안전하고 신속하게 촬영하여 전체적인 상황을 파악하는 데 매우 유용하게 활용되며 붕괴된 건물 잔해 위나 고층 건물의 외벽처럼 직접 접근하기 어려운 장소에서 고해상도 이미지와 실시간 비디오를 제공하여 현장 상황을 입체적으로 기록할 수 있다. 드론은 넓은 지역을 한 번에 촬영하여 광범위한 사고 현장의 전체적인 그림을 파악하는 데도 매우 효과적이다. 이는 초기 현장 조사 시간을 단축하고 조사자의 안전을 확보하며 육안으로는 놓칠 수 있는 중요한 사건의 단서들을 발견하는 데 도움을 준다. 특히 열화상 카메라나 다중 스펙트럼 카메라를 장착한 드론은 구조물의 미세한 온도 변화나 재료의 이상 상태를 감지하고 육안으로 확인하기 어려운 결함을 찾아내는 데도 중요한 역할을 한다.

■ 3D 스캐닝

사고 현장을 3D 정밀 스캔하여 디지털 트윈(digital twin)을 구축하는 것은 포렌식 엔지니어링의 핵심적인 발전 기술 중 하나이다. 레이저 스캐너나 사진 측량(photogrammetry) 기술을 활용하여 현장의 모든 구조물과 객체를 점군(point cloud) 데이터로 기록하고 이를 기반으로 실제 현장과 동일한 가상 환경을 구축한다. 이러한 디지털 트윈은 사고 당시의 상황을 정확하게 재현하고 다양한 시뮬레이션을 통해 사고 원인을 분석하는 데 유용하게 활용된다. 예를 들어 차량 충돌 사고의 경우 변형 정도나 파편의 비산 경로를 3D 모델로 정밀하게 분석하여 사고 발생 과정을 역추적할 수 있다. 또한 재현된 3D 모델은 증거 제시에서 사고 상황을 직관적이며 명확하게 설명하는 데 큰 도움이 된다. 이를 통해 육안으로는 파악하기 어려운 미세한 변형이나 손상까지도 정량적으로 분석할 수 있기 때문에 3D 스캔은 조사 결과의 신뢰도를 향상시킨다.

■ 인공지능(AI)

인공지능은 포렌식 엔지니어링 분야에서 방대한 양의 데이터를 분석하고 손상 패턴을 인식하며 예측 모델을 개발하는 데 지대한 공을 세우고 있다. AI는 과거 사고 사례와 구조물의 설계 도면 및 재료의 특성과 환경 데이터 등 방대한 양의 비정형, 정형 데이터를 학습하여 잠재적인 결함 패턴을 발견하거나 특정 조건에서 사고가 발생할 가능성을 예측하는 데 우월하다. 예를 들어, 지반침하 사고 유형과 발생 가능 지역 및 교량의 손상 등 관계 데이터를 학습한 AI는 특정 유형의 침하나 균열이 미래에 어떤 방식으로 발전할지 예측하거나 설계 단계에서 잠재적인 구조적 취약점을 식별하는 데 우수하며 AI 기반의 객체 인식 기술을 활용하여 중요한 단서를 자동, 식별 또는 비정상적인 움직임을 감지하여 사고 발생 순간을 재구성한다. 컴퓨터가 인간의 언어를 이해하고 해석하여 생성할 수 있는 기술의 자연어 처리(Natural Langage Processing, NLP) 기술을 활용하여 방대한 보고서나 문서에서 핵심 정보를 추출하여 분석하는 것도 유용하기 때문에 궁극적으로 AI는 인간 전문가의 분석 역량을 보완하고 의사결정을 지원함으로써 포렌식 엔지니어링의 기술 지평을 넓혀 주고 있다.

이러한 첨단 기술의 통합적인 활용은 포렌식 엔지니어가 더욱 복잡하고 광범위한 사고에 효과적으로 대응하여 사고의 원인을 더욱 명확하게 규명하고 미래의 유사 사고를 예방하기 위한 효과적인 대책을 수립하는 데 결정적인 역할을 하고 있다.

제5장 포렌식 엔지니어링 발전 방향

 포렌식 엔지니어링은 단순히 과거의 사건을 분석하는 것을 넘어, 끊임없이 진화하는 기술 환경과 복잡해지는 사회적 요구에 맞춰 미래 지향적으로 변화하고 발전하는 역동적인 분야이다. 이 장에서는 포렌식 엔지니어링의 미래를 형성할 핵심적인 첨단기술과 더불어 이러한 기술 변화로 예측되는 전망에 대해 기술과 제도 그리고 이 분야를 이끌어갈 인간(사람)이라는 세 가지 관점에서 기술하고자 한다.

5.1 BIM(Building Information Modeling) 및 디지털 트윈(Digital Twin)의 활용

 건축 및 토목 등 건설 산업은 디지털 전환의 거대한 흐름에 합류하고 BIM과 디지털 트윈 기술은 이러한 변화의 선두에 있다. BIM은 건축물의 설계와 시공 및 관리 측면의 전 생애주기에 걸쳐서 모든 정보를 3차원 모델에 통합하여 관리하는 혁신적인 기술로서 디지털 트윈은 현실의 물리적 구조물을 가상 세계에서 실시간으로 복제하여 상호작용이 가능한 기술이다. 이러한 기술은 포렌식 엔지니어링 분야에서 혁명적인 변화와 기회를 제공할 것이 명백하다.

■ 정보 취득과 시간의 단축

가까운 미래에는 거의 모든 신축구조물과 리모델링 건축물이 BIM 모델을 의무적으로 갖추어야 할 것이다. 이는 사고 발생 시에 포렌식 엔지니어들이 설계 의도와 시공 과정의 기록 및 재료 정보와 유지관리 이력, 계측 센서를 통한 실시간의 성능 분석 데이터에 이르기까지 방대한 양의 정보를 즉시 취득할 수 있다는 것이다. 과거에는 도면을 찾아야 하고 시공 문서를 검토하며 관계자 인터뷰 등 상당히 많은 시간이 소요되었으나 BIM 모델을 통해서 정보에 즉시 접근하게 됨에 따라 현장 조사의 필요성을 최소화하고 사고 원인 분석에 필요한 시간을 획기적으로 단축하여 신속하고 효율적인 조사가 이루어진다. 이러한 첨단 기술의 접근은 피해 확산을 줄이며 복구와 예방 계획을 수립하는 데 결정적인 역할을 할 것으로 기대한다.

■ 사고 재현과 예측

디지털 트윈 기술은 포렌식 엔지니어링에 '가상 시뮬레이션'이라는 강력한 도구를 제공한다는 것이다. 가상 환경 속에서 사고 시나리오를 정밀하게 재현하고 특정 결함이나 외부 요인으로 작용하는 지진과 강풍 및 화재 등에 의한 구조물에 미치는 복합적인 영향에 대해서도 예측이 가능하다는 것이다. 예를 들어, 특정 부재의 파손이 전체 구조물의 붕괴로 이어지는 과정과 화재 발생 시 연기나 열의 확산 경로 예측 및 특정 지점에서의 균열 발생이 시간 경과에 따른 진행 여부 등 디지털 트윈 내에서 가상 시뮬레이션을 통해 그 원인을 보다 명확하고 과학적으로 규명할 수 있다.

이는 사고 이후에 분석하는 수준을 넘어 미래에 발생할 수 있는 유사 사고를 예방하기 위한 설계와 시공 개선 등의 방안을 도출하는 주요한 결과물을 제공할 것이다. 다시 말해 잠재된 위험 요소를 사전에 식별하고 '예방적 포렌식 엔지니어링'으로서 위험 요소의 보수 및 보강 등 개선과 대책 제안에 이르는 포렌식 방향을 가속화할 것이다.

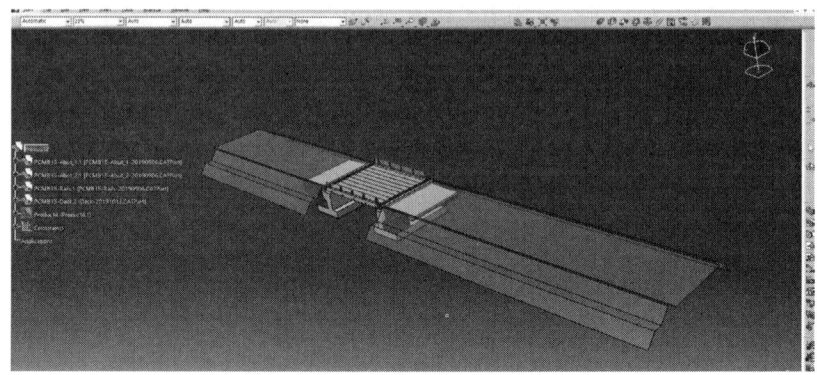

교량 3D BIM
출처: 건설사업정보시스템, 자재모델 활용사례보기 「신축이움 활용예시」 영상 일부

이 외에도 BIM과 디지털 트윈은 다음과 같은 추가적인 장점을 제공할 수 있다.

■ 증거 수집과 관리 효율

BIM 모델은 사고 현장의 3D 스캔 데이터와 드론 영상 촬영 이미지나 현장 취득 사진 등 다양한 형태의 증거 자료를 통합하고 관리하는 플랫폼 역할을 할 수 있다. 이러한 플랫폼 마련으로 일관성 있는 증거와 무결성을 확보하게 되며 관련 정보를 체계적으로 정리하여 관리 효율을 향상하며 강력한 시각 자료로 활용될 수 있다.

■ **협업의 용이성**

BIM 및 디지털 트윈 플랫폼은 다양한 분야의 전문가인 구조 엔지니어, 건축가, 시공 전문가, 법률 전문가 등이 동일한 정보를 공유하고 실시간으로 협업할 수 있는 환경을 제공한다. 이는 복잡한 사고 조사의 효율성을 높이며 보다 종합적이고 다각적인 분석을 가능하게 하여 비용과 시간을 절대적으로 감소할 수 있다.

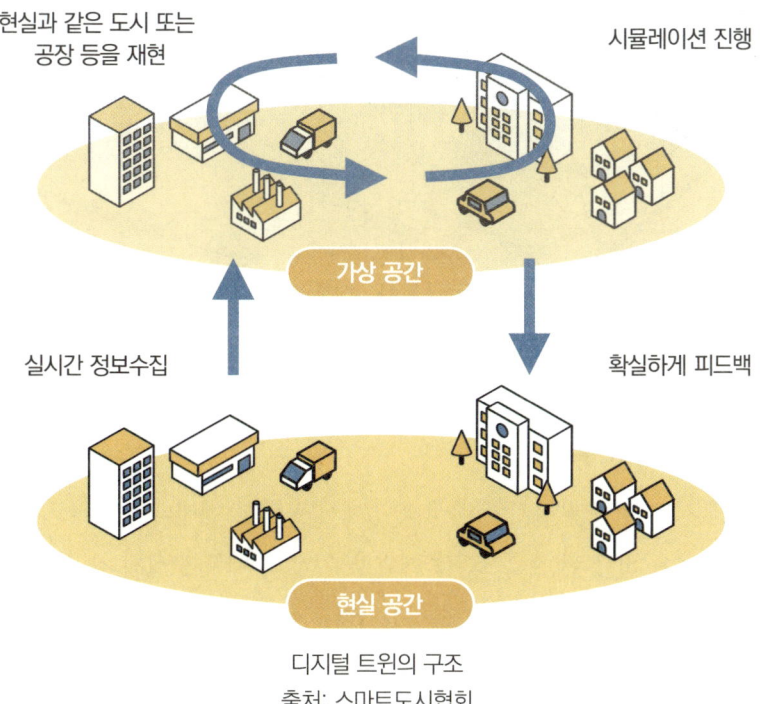

디지털 트윈의 구조
출처: 스마트도시협회

디지털 트윈 가상과 현실
출처: 한국전자통신연구원, 「미래 디지털 트윈 사회의 자율형 도시 모습」,
대한민국 정책브리핑

■ 교육과 훈련 혁신

실제 사고 현장과 유사한 가상 환경에서 포렌식 엔지니어링 전문가들을 위한 교육 및 훈련 프로그램을 개발할 수 있기 때문에 실제 사고 발생 시 신속하고 정확한 대응 능력을 향상시키는 데 기여하게 되며 교육 기관의 수준도 향상할 것이다.

이러한 기술적 진보는 포렌식 엔지니어링을 단순히 과거를 재구성하는 학문에서 벗어나서 미래의 안전을 예측하고 예방하는 핵심적인 역할을 수행하는 전문 분야로 발전시킬 것이다.

5.2 인공지능(AI)의 사고 예측과 분석

인공지능(AI)은 포렌식 엔지니어링 분야에서 혁신적인 변화를 가져올 강력한 도구로 부상하고 있으며 수십 년에 걸쳐 축적된 포렌식 엔지니어의 경험과 판단을 보조하며 사고 조사방법 및 분석 효율성과 정확성을 향상시킬 수 있다.

■ 사고 예측

AI는 방대한 양의 과거 사고 데이터를 학습하여 특정 조건에서 사고가 발생할 가능성을 예측하는 데 우월하다. 예를 들어, 특정 재료의 사용 이력, 특정 시공사의 참여 기록, 특정 설계 방식의 적용 여부 등 다양한 변수들을 분석하여 잠재적인 위험 요소를 분별하고 사고 발생 확률을 예측할 수 있기 때문에 사고를 미연에 방지하고 예방적인 조치를 취하는 데 중요한 역할을 할 수 있다.

■ 패턴 분석

복잡하고 미묘한 지반 침하나 산사태, 구조물 균열 등의 결함 패턴에 대해 AI는 방대한 데이터를 학습하여 데이터 속에서 숨겨진 구조를 인식하고 인간 전문가가 놓칠 수 있는 사고 원인을 찾아내며 예측 가능하게 한다. 예를 들어, 특정 유형의 구조물에서 반복적으로 발생하는 미세한 균열 패턴과 특정 부품의 마모 양상 및 환경적 요인과 결함 발생 간의 상관관계 등을 AI가 분석하여 사고의 근본 원인 규명과 예측에 기여할 수 있다.

하지만 AI의 발전에도 불구하고, 포렌식 엔지니어의 역할이 완전히 대체될 수는 없다. AI는 데이터를 분석하고 통계적인 예측을 제시하는 도구이다. 분석 결과에 대한 책임 있는 판단과 복잡한 상황에서의 윤리적 의식 그리고 법정에서의 전문가적 증언은 현재까지는 인간의 영역이다.

인공지능(AI)과 융합
출처: www.shutterstock.com

AI는 포렌식 엔지니어의 역량을 강화하고 업무 효율성을 높이는 강력한 조력자가 될 것은 분명한 사실이겠지만 인간의 영역인 윤리적 책임감과 소명 의식은 포렌식 엔지니어링의 핵심 가치이다. 즉 AI 능력과 인간은 미래지향적인 협업은 보다 정교하고 신뢰성 높은 사고 분석과 예방 대책과 안전 시스템을 구축하는 중요한 역할을 할 것이다.

5.3 전문 교육 발전 방향

미래 사회에서 포렌식 엔지니어는 단순한 기술 분야의 전문가를 넘어서 복잡한 문제 해결 능력을 갖춘 융합형 인재로 성장해야 한다. 이를 위해 현재의 교육 시스템은 다음과 같은 방향으로 발전해야 한다.

■ 융합 교육의 심화

공학적 지식뿐만 아니라 법률, 통계학, 정보기술(IT), 심리학 등 다양한 학문 분야를 아우르는 융합 교육이 필수적이다. 디지털 포렌식 전문가는 네트워크 보안, 데이터베이스, 운영체제에 대한 깊은 이해와 더불어 관련 법규 및 증거 분석 절차에 대한 지식을 갖춰야 하며 재료 공학 기반의 포렌식 엔지니어는 재료의 물리적, 화학적 특성 분석과 함께 사고 발생 시의 법적 책임 및 윤리적 판단 기준에 대한 이해가 요구된다. 이러한 다학제적 융합 교육은 실제 사건에서 발생할 수 있는 복합적인 문제에 대한 해결 능력을 향상하는 데 기여할 것이다.

■ 실무 교육의 확대

이론 교육과 더불어 실제 사고 사례를 기반으로 한 실습 교육을 강화해야 한다. 가상현실(VR) 및 증강현실(AR) 기술을 활용한 모의 사고 현장 재현 및 실제와 동일한 환경에서의 증거 수집과 분석, 모의 법정 경험 등을 통해 이론을 현실에 적용하는 능력을 배양하여야 한다.

산업체와의 연계를 통해 현장 인턴십 기회를 확대하고 실제 사건 조사에 참여하여 실무 역량을 강화하는 방안을 모색하여 교육 과정 후 현장에 투입될 수 있는 실질적인 역량을 갖춘 전문가를 양성하는 데 필수적이다.

■ 윤리 교육 강화

포렌식 엔지니어는 전문가로서의 객관성과 중립성을 유지하는 것이 매우 중요하기 때문에 윤리 교육을 강화하여 이해 상충 문제와 증거 조작의 위험성 및 프라이버시 침해 문제 등 발생할 수 있는 다양한 윤리적 충돌에 대한 올바른 판단 기준을 제시해야 한다. 또한 최신 기술 발전과 함께 발생하는 새로운 윤리적 문제인 AI를 활용한 증거 분석의 공정성에 대한 토론과 교육을 통해 미래 사회에 필요한 윤리적 리더십을 함양해야 한다. 이는 포렌식 엔지니어링 분야의 신뢰성을 확보하고 사회적 책임을 다하는 데 기여할 것이다.

포렌식 엔지니어링은 과거의 실패로부터 교훈을 얻고 이를 통해 더 안전하고 견고한 미래 사회를 구축하는 데 중추적인 역할을 하는 중요한 학문이자 직업이다. 끊임없이 발전하는 기술과 변화하는 사회 제도 속에서 이 분야를 이끌어갈 전문가를 양성하는 교육기관을 개설, 정비하는 혁신적인 시스템 마련은 사고와 재난으로부터 더욱 안전하고 공정한 사회를 만들어 갈 것이다.

5.4 포렌식의 개선 방향

성공적인 포렌식 엔지니어링 정착을 위해서는 국제 표준과 국내 실정의 조화는 필연적으로 연결된다. 상호적 관계는 해외의 선진 사례를 모방하는 차원이 아니라 우리나라의 법률 시스템과 사회 분위기, 그리고 건설 환경을 고려한 K-FORENSIC 엔지니어링의 맞춤형 접근이 필요하다.

5.4.1 법적 절차 강화

포렌식 엔지니어링에서 가장 중요한 것은 증거의 신뢰성과 법적 유효성이다. 이를 위해 다음과 같은 법적 기반 강화 방안이 필요하다.

■ **증거 보전 명령**

분쟁 발생 시 증거가 훼손되거나 은폐되는 것을 방지하기 위해 법원이 신속하고 강제적으로 증거 보전 명령을 내릴 수 있도록 관련 규정을 더욱 구체화해야 한다. 이는 갈등으로 인한 소송 전 단계에서도 잠재적 증거를 보호하는 데 핵심적인 역할을 한다.

■ **증거 개시 절차 확대**

미국이나 영국과 같은 선진국에서는 소송 당사자들이 서로의 증거를 사전에 공개하는 증거 개시(Discovery) 절차가 활발하다. 국내에서도 포렌식 엔지니어링과 관련된 자료, 문서, 시험 결과 등을 포괄적으로 교환할 수 있는 증거 개시 절차를 확대하여, 소송의 효율성을 높이고 불필요한 분쟁을 줄여야 한다.

■ **샘플링과 시험 방법론 제정**

법정에서 증거로 활용될 수 있는 샘플링(Sampling) 및 테스트 방법론에 대한 구체적인 가이드라인을 국내 법규에 맞게 제정하는 것이 필수적이다. 이는 국제 표준(ISO, ASTM 등)을 국내 건설 환경과 재료 특성에 맞게 현실화하고, 법률가와 관련 전문가들이 쉽게 이해하고 적용할 수 있도록 명확한 절차와 기준을 제시하는 것을 포함하여야 한다. 예를 들어, 콘크리트 코어 채취, 강재 인장 시험, 비파괴 검사, 물리탐사 등의 절차와 결과 해석에 대한 통일된 기준이 마련되어야 한다. 이를 통해 자료와 증거의 객관성과 신뢰성을 확보하여 결과의 오류 가능성을 최소화하여야 한다.

5.4.2 협회 및 학계의 역할 확대

건설 관련 학회나 협회(예: 한국건설기술연구원, 한국건설포렌식협회, 한국기술사회, 대한토목학회, 대한건축학회 등)는 포렌식 엔지니어링의 국내 정착에 중추적인 역할을 해야 한다.

■ 전문 위원회 설립과 운영

미국토목학회(ASCE)의 포렌식 엔지니어링 위원회와 같이, 국내에서도 포렌식 엔지니어링만을 전담하는 전문 위원회를 설립하고 지속적인 연구와 논의를 통해 국내 실정에 맞는 실무 매뉴얼과 지침을 마련해야 한다. 이 위원회는 법률 전문가, 건설 전문가, 재료 전문가, 시험 기관 관계자 등 다양한 분야의 인사를 포함하여 다학제적인 접근을 가능하게 해야 한다.

■ 사례 연구 및 데이터베이스 구축

국내에서 발생한 지반침하나 산사태 등 주요 건설 사고와 하자에 대한 포렌식 엔지니어링 사례를 보다 체계적으로 분석하고 데이터베이스를 구축하는 것이 시급하다. 이를 통해 유사한 사고 발생 시에 신속하고 효율적인 조사가 가능하고 예방적 차원에서도 기여할 수 있기 때문이다.

■ 지속적인 세미나 개최

학회나 협회는 포렌식 엔지니어링 관련한 최신 기술 동향과 법규 변화 및 관련 사고 사례 연구 등을 공유하도록 정기적인 교육과 세미나를 개최하여 관련 전문가들의 역량 강화에 힘써야 한다.

5.4.3 전문가 양성과 인증, 교육

포렌식 엔지니어링은 고도의 전문성을 요구하며, 그 결과는 법적 분쟁의 향방을 결정하며 공공기관의 정책 방향을 제시할 수 있는 중요한 자료가 된다. 따라서 전문성 확보와 법적 책임의 명확화는 필수적이라고 할 수 있다.

■ 전문 과정 개설

대학원 과정이나 장단기적 연수 과정을 통해 포렌식 엔지니어링의 특수성을 고려한 전문 교육 과정을 개설해야 한다. 이러한 과정은 건설 공학의 지식뿐만 아니라 법률, 감정, 윤리 등 다학제적인 내용을 포함해야 하며 실제적인 사고 사례 분석과 파괴패턴 분석 및 수치해석 등 시뮬레이션을 통한 실무 교육도 포함하여야 한다.

■ 인증 제도 도입

법적 책임을 수반하는 전문가들에게 자격 인증 제도를 도입하여 전문성을 확보하는 것은 매우 타당한 사실이다. 단순히 국가기술 자격증을 넘어, 포렌식 엔지니어링 실무 경험과 전문 교육 이수 및 윤리 강령 준수 등을 다학제로 평가하는 엄격한 인증 절차를 수반하여야 한다. 이러한 인증 제도를 통해 공인된 포렌식 엔지니어만이 관련 업무를 수행을 가능하게 함으로써 부실 감정이나 비전문적인 판단으로 인한 분쟁과 논쟁을 최소화할 수 있기 때문이다.

전문 교육 및 인증제도
출처: www.pexels.com

■ 전문가 윤리 강령 제정

포렌식 엔지니어는 자신의 판단이 모든 결과에 미치는 영향을 인지하여 객관적이고 공정하며 독립적인 입장에서 수행해야 한다. 이를 위해 전문가 윤리 강령을 제정하고 위반 시 제재를 가할 수 있는 시스템을 마련하여 전문가의 책임과 소명 의식 등 윤리 준수를 고취하여야 한다.

5.4.4 전문가의 의식

■ **조사한계 극복**

포렌식 조사 방법은 과학적이고 엄밀해야 하지만 실무에서는 법적 분쟁의 맥락에서 효율성과 타협해야 하는 지점이 있다. 이는 현장 조사 시 모든 시험을 다 수행할 수 없으며 시간 한정과 비용과 접근 한계 등 제약으로 인해 일부 조사를 생략해야 하는 경우가 발생하기 때문이다. 그러나 이러한 상황에서 포렌식 엔지니어는 제한된 자원 내에서 가장 효과적이고 신뢰성 있는 결과를 도출하기 위한 합리적인 판단과 분석을 수행하는 노력이 수반되어야 한다.

■ **논리적인 설명**

포렌식 엔지니어는 조사 결과의 신뢰성을 입증하기 위해서 "해외 표준과 기준을 따랐다"라고 두리뭉실 주장하는 것만으로는 부족하다. 해당 표준이 '왜, 어떻게'라는 심도 있는 과정을 통해 신뢰성 있는 결과를 도출했는지 논리적으로 명확하게 설명할 수 있어야 한다. 이는 포렌식 엔지니어가 국제 표준에 대한 이해를 바탕으로 국내 상황에 맞게 적용하고 적용 타당성을 입증할 수 있는 역량을 겸비해야 한다는 것을 의미한다. 이를 통해 포렌식 엔지니어링이 재해, 재난 등 건설 분야에서 공정하고 합리적인 분쟁해결의 핵심적인 역할을 수행할 수 있을 것이다.

맺음말

 이 책은 포렌식 엔지니어링이 단순히 사고 원인을 규명하는 기술적 행위를 넘어 과학과 법률 그리고 윤리가 복잡하게 얽혀 있는 개요와 내용을 기술했다. 우리는 포렌식 엔지니어링을 '역해석(inverse problem solving)'과 '진단(diagnostic)'이라는 두 가지 핵심 관점에서 조명하고 이미 발생한 실패 현상으로부터 근원적 원인을 논리적이며 체계적인 조사와 시험 그리고 다학적 융합의 과정을 거쳐 사건을 재구성하고 분석하는 것으로 정의하였다.

1. 과학적 엄밀성과 신뢰성

 포렌식 엔지니어링은 철저한 과학적 방법론에 기반한다. 무작위 및 지시적 샘플링 기법을 통해 현장 데이터를 수집하고 파괴 및 비파괴 테스트를 통해 재료의 물성을 분석하며, 수치해석 및 재료 분석을 통해 현상을 정량적으로 평가하는 과정은 신뢰성 있는 의견을 도출하는 데 필수적인 과학적 수단들이다. 이러한 과정들은 단순히 현상을 관찰하는 것을 넘어 숨겨진 사고 원인과 파손, 파괴 메커니즘을 밝혀내기 위한 체계적인 시험과 조사 방법론을 통해 시행한다.

 특히, US 연방 증거 규칙 702는 포렌식 엔지니어의 전문 의견이 법적 효력을 갖기 위한 엄격한 기준을 제시하였으며 이 규칙에 따르면 전문가의 증언은 충분한 사실과 데이터에 근거해야 하고 신뢰할 수 있는 원칙과 방법에 따라 적용되었음을 증명할 수 있어야 한다.

현장의 제약으로 인해 완벽한 무작위 샘플링이 어려울 경우 지시적 샘플링이 관련 분야에서 일반적으로 인정되거나 동료 검토를 거친 문헌이 기반이 된다면 법적 신뢰성을 충분히 확보할 수 있다. 이는 과학적 엄밀성이 법적 유효성과 어떻게 상호작용 하는지를 보여주는 중요한 예시로 볼 수 있다.

2. 실무적 활용성 및 사실 전달

포렌식 엔지니어가 자신의 전문 지식을 실제 법적 절차에서 효과적으로 활용할 수 있도록 실질적인 사안을 기술하였다. 전문가 증언 시 교차 심문에 대비하는 방법과 법정에서 증거로 인정받는 보고서의 작성 요건과 증거 보존의 연쇄 원칙(Chain of Custody) 준수는 포렌식 엔지니어가 자신의 소견을 명확하고 설득력 있게 전달하며 동시에 법적 보호를 받을 수 있는 핵심 요소이다.

또한, 사고 초기 대응 방법과 조사 계획 수립 및 증거 분석과 인정받는 보고서의 체계적인 매뉴얼은 현장 실무진이 혼란스러운 사고 상황 속에서도 논리가 작동되도록 기술하였다. 이는 단순히 지식을 전달하는 측면이 아니라 실제 사건 현장에서 발생할 수 있는 다양한 변수들을 고려한 실무적인 정보이다.

3. 첨단기술 적용과 확장성

미래의 포렌식 엔지니어링은 BIM(Building Information Modeling)

이나 디지털 트윈, 드론과 3D 스캔과 같은 첨단 기술의 발전과 더불어 AI 인공지능 함께 혁신적인 변화를 맞이할 것이다. 이러한 첨단 기술은 사고 이전의 구조물이나 시스템 상태를 정확하게 재구성하고 다양한 시뮬레이션을 통해 복합적인 사고 원인을 다각적으로 분석하는 데 지평을 넓혀줄 것이다. 예를 들어 디지털 트윈은 실시간 데이터를 기반으로 구조물의 미세한 변화까지 감지하여 AI 지능을 활용한 잠재적 위험을 사전에 예측하고 사고 발생 시, 그 원인을 더욱 정밀하게 추적할 것이다.

하지만 첨단 기술을 활용하여 도출된 방대한 데이터와 복잡한 분석 결과를 책임감 있게 해석하며 입증 가능한 형태로 제시하는 역할은 현재까지는 인간의 포렌식 엔지니어의 윤리의 몫이다. 첨단 기술은 수단과 도구일 뿐 그 진실을 발견하고 사회 안전망을 구축하며 정의를 실현하는 주체는 바로 인간의 통찰력과 전문성에 있기 때문이다.

본문 중에서

「우리는 사고를 통해 배운다」 포렌식 엔지니어링은 과거의 실패와 사고를 단순한 비극으로 치부하지 않고, 상세하고 면밀히 분석하여 미래의 안전을 위한 귀중한 교훈이자 발전의 밑거름으로 전환하는 핵심적인 역할을 수행한다.

감사합니다
구본민 & 최동철 올림

참고문헌

○ 학술 문헌(Academic Papers)

1. Krejcie, R. V. & Morgan, D. W. (1970). "Determining sample size for research activities." *Educational and Psychological Measurement*, 30(3), pp. 607-610.
2. Moore, D. S. (1998). "Producing data." In *Introduction to the practice of statistics* (Chap. 3, pp. 229-285). New York: W.H. Freeman.
3. Baecher, G. B. (2017). "Bayesian thinking in geotechnics." In *Geo-Risk 2017, Geotechnical Special Publication 282*, 1-18. Reston, VA: ASCE.
4. 이종섭(2015), 「마이크로폰을 이용한 콘크리트 벽체 배면의 공동 탐사」, 『한국지반공학회논문집』, 제31권 제3호, pp. 45-54.
5. 신현우, 이수곤(2018), 「산사태 발생지점의 특성을 고려한 취약성 분석 비교」, 『한국측량학회』, 제36권 제2호, pp. 59-66.
6. 김상엽, 장아름, 권다윤, 홍승관, 주영규, 이종섭(2022), 「드론의 사회인프라 관련 포렌식 엔지니어링 적용」, 『대한토목학회 학술대회 논문집(KSCE 2022 Convention)』, 대한토목학회, pp. 402-403.
7. 박영호, 최민호(2020), 「포렌식 지반공학의 기술 및 연구 동향」, 『한국지반공학회논문집』, 제36권 제6호, pp. 1-15.

○ 기술 표준 및 매뉴얼(Technical Standards & Manuals)

1. ASCE. (2012). *Guidelines for Forensic Engineering Practice*, 2nd ed. Reston, VA: ASCE.
2. ASCE. (2014). *Guideline for Condition Assessment of the Building Envelope* (ASCE 30-14). Reston, VA: ASCE.
3. American Society of Civil Engineers. (2021). *Investigation of Constructed Facilities: Sampling Methodologies*. Edited by J. D. Gregorie & B. M. Cornelius. Reston, VA: ASCE.
4. ASTM International. (2012). *Standard Guide for Evaluating Water Leakage of Building Walls* (E2128-12). West Conshohocken, PA: ASTM.

○ 법률 자료 및 판례(Legal Sources & Case Law)

1. Daubert v. Merrell Dow Pharms., Inc., 509 U.S. 579, 113 S. Ct. 2786, 125 L. Ed. 2d 469 (1993).
2. US Government Publishing Office. (2017). "Rule 702. Testimony by expert witness." In *Federal Rules of Evidence*. Washington, DC: Committee on the Judiciary House of Representatives.
3. Norton, D. C. (2016). *In re Pella Corp. Architect & Designer Series Windows Marketing, Sales Practices and Products Liability Litigation*. 214 F. Supp. 3d 478.
4. 대법원 판례정보(https://glaw.scourt.go.kr) - "지반침하 및 건축물 균열 사고 감정서 판례".
5. 국가법령정보센터(https://www.law.go.kr) - 국가기술자격법, 감정인 관련 법률자료 검색.
6. 민사소송법 [법률 제17367호, 2020.06.09. 일부개정].
7. 형사소송법 [법률 제17891호, 2021.01.12. 일부개정].
8. 국가기술자격법 [법률 제19042호, 2022.03.29. 일부개정].
9. 건설기술진흥법 시행령 [대통령령 제32187호, 2021.12.30. 일부개정].

10. 중대재해에 처벌에 관한 법률 [고용노동부 제17907호, 2021.01.26. 제정].
11. 감정인 운영에 관한 예규 [법원행정처예규 제1896호, 2023.01.20. 개정].

○ 기관 보고서 및 언론자료(Institutional Reports & media coverage)

1. Beasley, K. J. (2018). "Building failure investigation—First impression myopia." In *Forensic engineering*, edited by R. Liu et al., pp. 289-296. Reston, VA: ASCE.
2. ASCE. (2019). *Failure Case Studies: Steel Structures*. Reston, VA: ASCE.
3. ASCE. (2018). *Guidelines for Failure Investigation*, 2nd ed. Reston, VA: ASCE.
4. ASCE. (2014). *Engineering Investigations of Hurricane Damage: Wind versus Water*. Reston, VA: ASCE.
5. ASCE. (2012). *Failure Case Studies in Civil Engineering: Structures, Foundations, and the Geoenvironment*, 2nd ed. Reston, VA: ASCE.
6. 국토교통부(2017), 「연약지반 개량시 지지력 확보를 위한 지오텍스타일(인장매트)의 효율적 포설방법 및 봉합 접합부 강도 증대를 위한 기술개발」
7. 국토교통부 중앙지하사고 조사위원회(2022), 「양양군 국도변 땅꺼짐 사고 사고조사 보고서」
8. 국토교통부 건설안전과(2021), 「구리시 터널 굴착 중 지반침하 사고조사 보고서」
9. 국토안전관리원 기술자료실(https://www.kalis.or.kr) - 사고조사 사례집 및 계측기준.
10. 국토안전관리원(2024), 「지하안전 통계연보」
11. 한국건설기술연구원(2023), 「안전보강 콘크리트 구조물 비파괴진단 핵심기술 개발」
12. 한국시설안전공단(2015), 「지반침하 대비 생활 속 징후 및 안전관리 매뉴얼 개발 연구 최종보고서」
13. 서울특별시(2024), 「지반침하 특별점검 공동조사용역 최종보고서」
14. 관계부처합동(2025), 「노사정이 함께 만들어가는 안전한 일터 노동안전 종합대책」
15. 중앙소방학교(2023), 「2023년 전문교육 화재조사실무Ⅱ」
16. 경향신문(2025), 「지난해 산재 사망자 절반이 60세 이상·50인 미만 업장이 62%」